含章 新实用

阅读图文之美 / 优享健康生活

256道

美味养生汤

吴剑坤　于雅婷　编著

江苏凤凰科学技术出版社 · 南京

图书在版编目（CIP）数据

256 道美味养生汤 / 吴剑坤，于雅婷编著 . — 南京：
江苏凤凰科学技术出版社，2022.9
ISBN 978-7-5713-2889-4

I. ① 2… II. ①吴… ②于… III. ①保健—汤菜—菜
谱 IV. ① TS972.122

中国版本图书馆 CIP 数据核字 (2022) 第 067789 号

256 道美味养生汤

编　　　著	吴剑坤　　于雅婷
责 任 编 辑	汤景清
责 任 监 制	仲　敏
责 任 监 制	方　晨

出 版 发 行	江苏凤凰科学技术出版社
出版社地址	南京市湖南路 1 号 A 楼，邮编：210009
出版社网址	http：//www.pspress.cn
印　　　刷	天津丰富彩艺印刷有限公司

开　　　本	718 mm × 1 000 mm　1/16
印　　　张	13
插　　　页	1
字　　　数	380 000
版　　　次	2022 年 9 月第 1 版
印　　　次	2022 年 9 月第 1 次印刷

标 准 书 号	ISBN 978-7-5713-2889-4
定　　　价	49.80 元

图书如有印装质量问题，可随时向我社印务部调换。

每天一碗靓汤，养护全家健康

汤是餐桌上必不可少的一道食物，法国著名厨师路易斯·古伊说过："汤是餐桌上的第一佳肴。"中国人对汤也极为重视，这种重视在生活中体现得淋漓尽致，无论是国宴还是家宴，不管上几道菜，都少不了一道汤，四菜一汤或八菜一汤等也成了中国人的宴请习惯。

汤不仅味美，而且有着极高的养生保健功效。在汤的熬制过程中，原料中的营养成分可以充分溶解在汤中，因此喝汤可以大大提高人体对营养成分的吸收。另外，大多数熬汤的食材也具有一定的食疗价值。

养生汤是中医饮食保健的一大特色。中医提倡：药补不如食补。食补取材方便、作用平和，即使长期食用也不用担心有副作用，通过适当的搭配还能起到药物起不到的作用。药汤药性强、味重，有些还有副作用，而养生汤大多是以食材和药材一起熬制而成的，药材的苦味被食物的美味中和，其药效却能析于汤中，可有效营养脏腑、滋润关节、补虚健体、预防疾病，因此受到广大人民的喜爱。

但是，养生汤的选择也是一门学问，喝汤也要因人而异，想要达到事半功倍的养生保健效果，必须"对症喝汤"。基于此，我们编写了《256道美味养生汤》一书。

本书介绍了不同食材的养生功效及搭配宜忌、选购保存等基础知识，并且搭配养生汤的小食谱，可供读者随时选用。书中对不同汤品的具体功效进行了标示，如益气补血、滋阴壮阳、解表清热、活血化瘀、消食导滞、化痰平喘、安神补脑、理气调中等，便于读者更准、更快地选择适合自己的汤。

看完这本书，相信没有煲汤经验者也能做出美味的养生汤，喝出美味，喝出健康好身体！

阅读导航

我们在此特别设置了阅读导航这一单元，对文中各个部分的功能、特点等一一说明，这将会大大地提高读者阅读本书的效率。

营养成分

帮助读者更全面地了解食材中所含的营养成分比例。

食材图解

从煲汤适用量、性味归经、别名、适合体质、生产地等方面介绍食材。

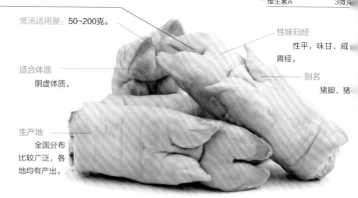

【补气血，润肌肤】

猪蹄又叫猪脚、猪手，含有胶原蛋白质，脂肪含量也比肥肉低，它能增强皮肤弹性和韧性，对延缓衰老和促进儿童成长发育具有重要意义。爱美的女性可多食用猪蹄。

营养成分（以100克为例）

热量	108大卡
蛋白质	22.6克
脂肪	18.8克
钾	54毫克
钙	33毫克
维生素A	3微克

煲汤适用量：50~200克。

适合体质
阴虚体质。

性味归经
性平，味甘、咸，入胃经。

别名
猪脚、猪手

生产地
全国分布比较广泛，各地均有产出。

选购与保存

介绍常用食材的选购与保存方法，帮助读者煲出美味好汤。

选购与保存

选购猪蹄时，要选择色泽呈肉色、没有特殊气味者。颜色发暗、有腐败气味的猪蹄，一般放置时间较长，食用后不利于身体健康，尽量不要选择。

新购买的猪蹄一般有毛，不容易剔除，可以烧开热水，将猪蹄浸泡一段时间再除毛，这样很容易去掉上面的猪毛，并且有利于猪蹄的清洗。

猪蹄最好现吃现买，如果一次吃不完，可以将生猪蹄放在冰箱的冷冻层，需要食用时再解冻烹调。

《本草纲目》：煮汁，洗痈疽，溃热毒，……毒气，去恶肉，有效。

煲汤好搭档

以图文并茂的方式帮助读者合理搭配膳食。

煲汤好搭档

猪蹄	+	鱿鱼	补气养血
猪蹄	+	丝瓜	增加营养价值
猪蹄	+	甘草	增强记忆力、促进生长发育

小贴士

猪蹄富含大分子胶原蛋白质，对皮肤具有特殊的营养作用，有助于皮肤细胞吸收和储存水分，使其饱满润滑，是一种廉价且常见的美容食品。

传统中医认为，猪蹄对乳有较好的功效，在民间的应用极其普遍。主要适宜产后气血不足、乳汁缺乏的产妇食用。

小贴士

此处介绍了食材或药材的食用方法及食用宜忌等常识，更贴近读者生活。

62

汤谱制作

全书汤谱从材料到制作，方法简便，步骤清晰，让读者一看就懂、一学就会。

通络下乳 + 强筋壮骨

猪蹄牛膝汤

原料

猪蹄1只，牛膝15克，西红柿1个，姜、盐各3克，水适量。

做法

❶ 猪蹄洗净，剁块，余水；姜洗净，切片。

❷ 西红柿洗净，在表皮轻划数刀，放入沸水烫到皮翻开，捞起去皮，切块；牛膝洗净。

❸ 将做法❶和做法❷的材料一起放入汤锅中，加水，以大火煮沸后转小火煲1小时，加盐调味即可。

适宜人群

本品适宜产后缺乳者，筋骨无力、下肢痿软者，皮肤粗糙暗沉、面生皱纹者，体质虚弱者，风湿性关节炎患者，以及产妇食用。

高清美图

每道汤谱都配有实物实拍图，看得心动，不如快快行动。

养心安神 + 健脾补虚

柏子仁猪蹄汤

原料

柏子仁、葵花子仁、火麻仁各适量，猪蹄200克，盐、水各适量。

做法

❶ 猪蹄洗净，剁块；火麻仁、柏子仁均洗净。

❷ 锅置火上，倒入清水，下猪蹄块余至熟，捞出洗净。

❸ 砂锅注水烧开，放入猪蹄块、柏子仁、葵花子仁、火麻仁，用大火煮沸，转小火煲3小时，加盐调味即可。

适宜人群

本品适宜肠燥便秘、失眠多梦、心悸、忧郁、焦虑、遗精盗汗、食欲不振者，以及阿尔茨海默病患者食用。

柏子仁
养心安神、润肠通便

五畜靓汤

适宜人群

简单明了、对症食疗，让读者轻松做出美味养生汤，养护自己的健康。

3

10 种煲汤常用食材

猪骨
　　性味归经：性平，味甘、咸，归脾、胃经。
　　功效：补脾、润肠胃、生津液、丰肌体、泽皮肤、补中益气、养血健骨。

鹌鹑
　　性味归经：性平，味甘，归大肠、心、肝、脾、肺、肾经。
　　功效：补益五脏、益气养血、温肾助阳、壮筋骨、强气力。

猪蹄
　　性味归经：性平，味甘、咸，归胃经。
　　功效：补气血、填肾精、润肌肤、通乳汁。

鲫鱼
　　性味归经：性平，味甘，归脾、胃、大肠经。
　　功效：补中益气、除湿利水、健脾和胃。

羊肉
　　性味归经：性热，味甘，归脾、胃、肾经。
　　功效：健脾温中、补肾壮阳、益气补血。

甲鱼
　　性味归经：性平，味甘，归肝、肾经。
　　功效：滋阴补肾、清退虚热。

牛肉
　　性味归经：性平，味甘，归脾、胃经。
　　功效：补脾胃、益气血、强筋骨。

冬瓜
　　性味归经：性微寒，味甘，归肺、大肠、小肠、膀胱经。
　　功效：清热解毒、利水消肿、整肠通便。

乌鸡
　　性味归经：性平，味甘，归肝、肾、肺经。
　　功效：滋补肝肾、养血益精、滋阴清热、补虚健体。

玉米
　　性味归经：性平，味甘，归脾、胃经。
　　功效：益肺宁心、健脾开胃、利水通淋、活血益智。

目录

● 远志
安神益智、祛痰消肿

● 连翘
清热解毒、消肿散结

● 龙眼
养血安神、补益心脾

第四章　五畜靓汤

● 百合
润肺止咳、清心安神

● 罗汉果
清肺利咽、化痰止咳

● 桑葚
滋阴补血、生津润燥

第五章 禽及蛋靓汤

● 麦冬
清热养心、养阴润肺

鸡肉

乌鸡

鸡杂

鸡爪

鸡蛋

鸭肉

● 金银花
清热解毒、疏散风热

第六章　水产河鲜靓汤

第七章　山珍药材靓汤

● 党参
补中益气、健脾益肺

● 益智仁
温肾固精、摄唾缩尿

● 红花

活血通经、散瘀止痛

第八章　作料调味靓汤

● 玉米

健脾开胃、利尿消肿

第一章
一锅好汤，滋补全家

　　我国民间有"饭前先喝汤，胜过良药方"的说法，这种说法有什么讲究呢？因为我们在吃东西的时候，需要先在口腔内咀嚼食物，然后再通过咽喉、顺着食道进入胃。饭前喝汤可以起到"润滑"的作用，能让食物更顺利地进入胃，避免了对消化道黏膜的刺激。对于要减肥或维持身材者来说，饭前先喝一碗汤可以增加饱腹感，减少进食量，从而节制饮食。

煲汤材料的四性、五味、五色与养生

四性各显其功

四性一般指温、热、寒、凉四种不同性质，现还包括平性，四性也指人食用中药后的身体反应。

平性的药材和食材

平性的药材和食材介于寒凉与温热性药材和食材之间，具有开胃健脾、强壮补虚的功效，并且容易消化，各种体质者都适合食用。

代表药材 党参、太子参、灵芝、蜂蜜、莲子、甘草、银耳、黑芝麻、茯苓、桑寄生等。

代表食材 黄花菜、胡萝卜、土豆、大米、黄豆、花生、蚕豆、无花果、李子、黄鱼、鲫鱼、牛奶等。

温热性质的药材和食材

温热性质的药材和食材均有抵御寒冷、温中补虚、暖胃的功效，可以减轻或消除寒证，适合体质偏寒、怕冷、手脚冰冷、喜欢热饮者食用。例如，辣椒适用于四肢发凉等怕冷的症状，姜、葱、红糖可治外感风寒、虚寒腹痛。湿与热只在程度上有差异，温次于热。

代表药材 黄芪、五味子、当归、何首乌、红枣、龙眼肉、鸡血藤、鹿茸、杜仲、肉苁蓉、淫羊藿、锁阳、肉桂、补骨脂等。

代表食材 葱、姜、韭菜、荔枝、杏仁、虾、栗子、糯米、羊肉、狗肉、鲢鱼、黄鳝、辣椒、花椒、胡椒、洋葱、蒜、椰子、榴梿等。

寒凉性质的药材和食材

寒凉性质的药材和食材有清热泻火、解暑、解毒的功效，能减轻或解除热证，适合体质偏热、易口渴、喜冷饮、怕热、小便黄、易便秘者，也适合一般人在夏季食用。例如，金银花可治热毒疔疮，食用西瓜可解渴、利尿。寒与凉只在程度上有差异，凉次于寒。

代表药材 金银花、蒲公英、石膏、知母、黄连、黄芩、栀子、菊花、桑叶、鱼腥草、淡竹叶、板蓝根、葛根等。

代表食材 绿豆、西瓜、苦瓜、紫菜、梨、田螺、西红柿、香蕉、猪肠、柚子、山竹、白萝卜、海带、竹笋、油菜、莴笋、芹菜、薏米、冬瓜等。

酸、苦、甘、辛、咸，五味各不同

五味为酸、苦、甘、辛、咸五种味道，分别对应人体的五脏，酸对应肝、苦对应心、甘对应脾、辛对应肺、咸对应肾。

酸味药材和食材

酸味药材和食材对应肝，大多都有收敛固涩的作用，可以增强肝的功能，常用于盗汗、自汗、泄泻、遗尿、遗精等虚证，如五味子，可止汗止泻、缩尿固精。食用酸味食物还可开胃健脾、增进食欲、消食化积，如山楂；酸味食物还能杀死肠道中的致病菌，但不能食用过多，否则会引起消化功能紊乱，导致胃痛等症状。

代表药材和食材 五味子、浮小麦、吴茱萸、马齿苋、佛手、石榴皮、五倍子、山楂、乌梅、荔枝、葡萄、橘子、橄榄、西红柿、醋等。

苦味药材和食材

苦味药材和食材有清热、泻火、除燥湿的作用，与心对应，可增强心的功能，多用于治疗热证、湿证等，但食用过量也会导致消化不良。

代表药材和食材 绞股蓝、白芍、骨碎补、赤芍、栀子、槐米、决明子、柴胡、苦瓜、茶叶、青果等。

甘味药材和食材

甘味药材和食材有补益、和中、缓急的作用，可以补益气血、缓解肌肉紧张和疲劳，也能中和毒性，有解毒的作用。多用于滋补强壮，缓和因风寒引起的痉挛、抽搐、疼痛，适用于虚证、痛证。甘味对应脾，可以增强脾的功能，但食用过多会使血糖升高、胆固醇增加，导致肥胖等。

代表药材和食材 丹参、锁阳、沙参、黑芝麻、银耳、桑葚、黄精、百合、地黄、莲藕、茄子、萝卜、丝瓜、牛肉、羊肉等。

辛味药材和食材

辛味药材和食材有发散、行气、通血脉的作用，可促进胃肠蠕动和血液循环，适用于表证、气血阻滞或外感风寒湿邪等。但过量服用会使肺气过盛，有痔疮、便秘的老年人要少吃。

代表药材和食材 红花、川芎、紫苏、藿香、姜、益智仁、肉桂、葱、大蒜、香菜、洋葱、芹菜、辣椒、花椒、茴香、韭菜等。

咸味药材和食材

咸味药材和食材有通便、补肾、滋阴、软坚的作用，常用于治疗热结便秘等症。当发生呕吐、腹泻不止时，适当补充些淡盐水可有效防止脱水。但患有心脏病、肾病、高血压病的老年人不能多吃。

代表药材和食材 蛤蚧、鹿茸、龟甲、海带、海藻、海参、蛤蜊、盐等。

绿、红、黄、白、黑，五色养五脏

五色为绿、红、黄、白、黑五种颜色，也分别与五脏相对应。不同颜色的食材、药材补养不同的脏器：绿色养肝，红色养心，黄色养脾，白色养肺，黑色养肾。

绿色养肝

绿色食物中富含膳食纤维，可以清理肠胃，保持肠道正常菌群平衡，改善消化系统功能，促

进胃肠蠕动，保持大便通畅，进而有效减少直肠癌的发生。绿色药材和食材是人体的"清道夫"，其所含的各种维生素和矿物质有助于人体内毒素的排出，能更好地保护肝脏，还可明目，对老年人眼干、眼痛、视力减退等症状有很好的食疗功效，如桑叶、菠菜。

代表药材和食材 桑叶、枸杞叶、夏枯草、菠菜、韭菜、苦瓜、绿豆、青辣椒、韭菜、大葱、芹菜、油菜等。

红色养心

红色食物中富含番茄红素、胡萝卜素、氨基酸及铁、锌、钙等矿物质，能增强人体免疫力，有抗自由基、抑制癌细胞的作用。红色食材，如辣椒等可促进血液循环、缓解疲劳、驱除寒冷、给人以兴奋感；枸杞子等对老年人头晕耳鸣、精神恍惚、心悸、健忘、失眠、视力减退、贫血、须发早白、消渴等多有裨益。

代表药材和食材 红枣、枸杞子、牛肉、猪肉、羊肉、红辣椒、西红柿、胡萝卜、红薯、红豆、苹果、樱桃、草莓、西瓜等。

黄色健脾

黄色食物中富含维生素C，可以抗氧化、增强人体免疫力，同时也可延缓皮肤衰老、维护皮肤健康。黄色食物，如黄芪是民间常用的补气药材，气虚体质的老年人适宜食用。

代表药材和食材 黄芪、玉米、黄豆、柠檬、木瓜、柑橘、柿子、红薯、香蕉、蛋黄、菠萝等。

白色润肺

白色食物中的米、面富含碳水化合物，是人体维持正常生命活动不可或缺的能量来源。白色蔬果富含膳食纤维，能够滋润肺部，增强免疫力；白肉富含优质蛋白；豆腐、牛奶富含钙质；白果有滋养、固肾、补肺之效，适宜肺虚咳嗽和肺气虚弱的哮喘者服用；百合有补肺润肺的功效，非常适合肺虚干咳、久咳，或痰中带血的老年人食用。

代表药材和食材 百合、白果、银耳、杏仁、莲子、白米、面食、白萝卜、豆腐、牛奶、鸡肉、鱼肉等。

黑色固肾

黑色食材、药材中含有多种氨基酸及丰富的微量元素、维生素和亚油酸等营养素，可以养血补肾，改善虚弱体质。其富含的黑色素类物质可抗氧化、延缓衰老。

代表药材和食材 何首乌、黑木耳、黑芝麻、黑豆、黑米、海带、乌鸡等。

煲汤的锅具

"工欲善其事，必先利其器"，汤品煲煮的关键在于选一口"好锅"，这样才能将食材中的精华全部释出，浓缩在这一锅汤内。想要省钱、省时地煲出一锅味道鲜美的汤品，就必须先了解煲汤工具的种类和正确的使用方法。

砂锅

砂锅由陶土和沙混合烧制而成，里外均涂有一层釉彩，外表光滑，一般用于煲汤。砂锅的优势在于需要小火慢炖，保温性佳，做出来的汤口感美味醇厚，即便关火后也能够最大限度地保持汤水的鲜美和温度。煲汤时应选择质地细腻的砂锅，如内壁洁白的陶锅就很好用。

新买的砂锅在第一次使用时，最好是煮稠米粥，防止以后使用渗水；也可以在锅底抹一层油，放置一天后洗净，煮一次水后再用。用砂锅煲汤时应先用小火，再改用大火，切忌干烧。

瓦罐

瓦罐由石英、长石、黏土等原料混合成的陶土经过高温烧制而成，这些材料通气性、吸附性较好，还具有传热均匀、散热缓慢等特点。由于瓦罐形状及材料的独特，受热时，不只是底部受热，而是整个瓦罐都能均匀受热，因此，煨制鲜汤时，瓦罐能均衡且持久地把外界热能传导至内部食材，相对恒温的环境有利于水分子与食物的相互渗透，这种相互渗透的时间维持得越久，就能析出越多的鲜香成分，煨出的汤就越美味、香醇，原料的质地就越软糯。

炖盅

炖盅多用于较为隆重的场合，所谓"三煲四炖"，使用炖盅一般都是"隔水蒸炖"，这种方法能最大限度地保留汤品的元气，使受热均匀平衡，同时保证汤品的营养结构不被破坏，炖出来的汤品，原料酥烂、汤汁澄清且鲜香，别具美食风味。炖盅尤其适用于炖煮参类、鲍鱼等珍贵的食材，但炖汤比煲汤花费的时间更长一些。

不锈钢汤锅

不锈钢锅外观光亮，容量大、耐煮，可以用来煮鸡汤、排骨汤等需长时间熬煮的汤品，不锈钢汤锅煮出来的汤较为清淡，不像砂锅能

使汤口感醇厚。如果要在汤中加一些中药材，则不宜使用不锈钢锅，因为中药中含有大量生物碱，在加热过程中会与不锈钢发生化学反应，进而影响中药的效果。不锈钢汤锅质地轻便、耐磨损、易清洁，便于刷洗消毒，且化学性质稳定，耐酸、耐碱、耐腐蚀，已成为现代家庭必不可少的炊具。

高压锅

高压锅也叫压力锅，它能相当紧密地封闭起来，水受热而产生的水蒸气不能扩散到空气中，只能保留在高压锅内，这就导致高压锅内的气压高于 1 个大气压，也使水在高于 100℃时才沸腾，这样高压锅内就会形成高温高压的环境，因此汤品能在最短的时间内迅速煮好，营养却不被破坏，既省火又省电。高压锅适合用来煮质地有韧性、不易煮软的原料。但高压锅内放入的食品不宜超过锅内的最高水位线，以免内部压力不足，无法将食物快速煮熟，还有可能堵住排气孔，造成危险。

紫砂锅

紫砂深藏于山腹岩石层下，被称为"岩中岩""泥中泥"，是一种未经外界环境污染的、含有多种人体所需微量元素的纯天然陶土，其含有丰富的铁元素。紫砂锅在受热过程中能够发射出丰富的远红外线，这种远红外线不仅能作用于食物表面，而且能深层透射，所以煲煮出的汤菜有独特的醇香口感。

煲汤的技巧

煲汤的材料一般选择牛、羊、猪骨、鸡、鸭等富含蛋白质的动物材料。一般做法如下：首先，把准备好的原材料洗干净，放入锅中，一次加入足量冷水，用大火煮开后转小火，继续煲20分钟即可撇去浮沫；然后加姜和料酒等调味料，水滚后转中火炖3~4小时，使原料中的营养最大限度地溶于汤中，待汤呈乳白色即可，若汤冷却后可凝固，则认为汤煲到最佳火候了。要使煲出来的汤味道鲜美，需要掌握以下技巧。

三煲四炖

煲汤虽被称为厨房里的工夫活，但并不是因为它在烹制上很烦琐，而是因为需要烹调的时间长，耗工夫。事实上，煲汤很容易，只要原料调配合理，三煲四炖（厨师俗语：煲一般需要2~3小时，炖需要4小时），在火上慢慢煲着即可。火不要过大，开锅后，小火慢炖，火候掌握在汤可以保持沸腾的程度即可。

煲汤"五忌"

（1）忌中途添加冷水。正在加热的肉类遇冷会收缩，不易煮烂，煲出来的汤也就失去了鲜香的口感。

（2）忌过早放盐。过早地放入盐会导致肉中的纤维收缩，不易煮烂，从而使汤色发暗，影响汤的品相。

（3）忌放入过多的葱、姜、料酒等调味料。放入过多的调味料，会掩盖原料原本的滋味，无法煲出原汁原味的汤。

（4）忌过早、过多地放入酱油。酱油是用来调色的，放得过早、过多会使汤的味道变酸、颜色变暗。

（5）忌让汤汁大滚大沸，以免汤汁浑浊。

加水三要点

（1）加冷水。入锅时加冷水能保证肉类原料的外层蛋白质不会马上变性、收紧，内部的氨基酸也可以充分地溶解到汤中，汤的味道才能更鲜美。

（2）水量要适当。研究发现，将原料与水分别按1：1、1：1.5、1：2等不同的比例煲汤，汤的色泽、香气、味道大有不同，1：1.5时最佳。此时，汤中鲜味物质的含量最高，甚至高于用水较少时，这是因为过少的水量不能完全浸没食材，这样会影响汤中营养成分的浓度。

（3）一次性加足水。因为中途加冷水会使正在加热的肉收缩，这就导致氨基酸不易析出，汤也就失去了应有的鲜香味。

煲汤时调味料的使用顺序	
汤品	**加料顺序**
咸鲜味汤品	酱油—料酒—鸡精—盐
鲜辣味汤品	葱末—虾油—辣酱—盐
酸辣味汤品	醋—红辣椒—胡椒粉—盐—香油—葱—姜
香辣味汤品	辣豆瓣酱—蒜末—葱末—姜末—酱油—盐—白糖—味精
五香味汤品	八角—桂皮—小茴香—花椒—白芷粉—盐—葱—姜
咖喱味汤品	姜黄粉—香菜—白胡椒—肉豆蔻—辣椒—丁香—月桂叶—姜末—盐—料酒
甜酸味汤品	番茄酱—白糖—醋—柠檬汁—盐—料酒—葱—姜
葱椒味汤品	洋葱—大葱—红辣椒末—盐—鸡精—料酒—香油
麻辣味汤品	麻椒—干辣椒—辣酱—熟芝麻—料酒—盐—味精
酱香味汤品	豆豉—盐—鸡精—葱油—姜末—蒜末—黑胡椒

煲汤八要点

选料精准

如果你属于火气旺盛的体质，就要选择性甘、凉的汤料，如绿豆、海带、冬瓜、薏米、莲子，以及剑花、鸡骨草等清热降火的滋润类中药材。

如果属于寒气过盛的体质，则应该选择一些性热的汤料，如人参等。

像冬虫夏草等中药材是不适合在夏季用来煲汤的，即使在秋冬季节，滋阴壮阳的大补类中药材也不宜用来煲给儿童和青少年喝的汤。

除了要考虑汤料的性味，还要考虑汤料的功效，所用汤料的性味、功效等不可背道而驰。

食材新鲜

煲汤时，要选用新鲜的原料。这里所说的新鲜并不是原来所讲究的"肉吃鲜杀鱼吃跳"的"时鲜"，现代所讲的鲜是指鱼、畜禽死后3~5小时，此时，鱼、禽肉的各种酶使蛋白质、脂肪等分解为氨基酸、脂肪酸等易被人体吸收的物质，不但营养丰富，而且味道鲜美。

炊具恰当

煲汤时最好选用深且保温效果好的瓦煲，或容量较大的陶锅、砂锅，高压锅也是不错的选择，但铝、铁和锡等金属做的容器最好别用。也不应使用劣质的砂锅，因其瓷釉中含铅，煮酸性食物时容易析出，对人体有害。

火候适当

煲汤的火候要诀是"大火烧沸，小火慢煨"。煮沸时火候以使汤面沸腾为准，切忌大火急煮而使汤汁大滚大沸，以免汤中的有形物质剧烈运动而使汤汁浑浊。等煮沸后即应转文火（中火或小火），这样才能使营养物质溶出得更多，使汤色清澈、味道浓醇。

配水合理

水温、水量都会对汤的营养和风味产生直

接的影响。在家煲汤时，水量可按家中喝汤的人数乘以每人喝的碗数来计算（每碗约 200 克）。快手滚氽汤与羹汤都是短时间内可以烹饪完成的，汤水不易蒸发，因此水量只要以喝汤人数的总水量乘以 0.8 即可。

操作精细

煲汤是一件需要非常细心的事，在某种程度上，操作的细节决定着汤的成败。

肉类食材要先用冷水浸泡，然后用滚水氽烫。用冷水浸泡是为了去除肉中的血水、杂质，同时使肉变得松软，浸泡的时间一般为 1 小时；在滚水中氽烫是为了去除肉中剩余的血水、异味及部分脂肪，避免煲出来的汤味道不纯。

煲汤时不宜先放盐，因为盐的渗透作用会使原料中的水分析出、蛋白质过快变性，导致汤的鲜味不足。煲汤时，温度应维持在 85~100℃，如果在汤中加蔬菜，应随放随吃，以免破坏其中的维生素。

汤中可以适量放入味精、香油、胡椒、姜、葱、蒜等调味料，但注意用量不宜太多，以免盖住汤原本的鲜味。

时间精确

要煲制一锅好汤，需要我们保持极佳的耐心。但煲汤时间也不宜过长，时间过长会破坏食物中的营养成分，增加汤中的嘌呤含量。

一般来说，鱼汤的最佳熬制时间是 1 小时。鸡汤、排骨汤的最佳熬制时间为 1~2 小时，超过 2 个小时，汤中的嘌呤含量就会过高，长期饮用会引发痛风。

蔬菜水果汤一般用滚煮、氽煮的方法烹制，煮沸即可食用，应避免长时间加热，否则会破坏其中的维生素 C 和 B 族维生素等营养物质。另外，水量要以没过蔬菜为宜，以保证蔬菜与空气隔离，进而减少营养的损失。

搭配适宜

有些食材之间已形成固定的搭配模式，它们所含的营养素有互补作用，即餐桌上的"黄金搭配"。其中，最值得一提的是海带炖肉汤，猪肉与海带的营养正好能互相配合，这是日本长寿地区冲绳的"长寿佳肴"。为了使汤的口感纯正，一般不宜用多种动物食材一起熬制。

小贴士

如何让汤变清爽

有些油脂过多的材料煮出来的汤会比较油腻，这时可将少量紫菜置于火上烤一下，然后撒入汤中，这样可解油去腻；或者可等汤冷却后，将漂浮或凝固在汤面的油撇去，然后再次将汤煲滚即可。

第二章
五谷靓汤

　　"五谷"在古代多指稻、麦、黍、稷、菽五种粮食作物，现在泛指谷物。在中医看来，谷物是对人体最滋养的，一日三餐中不可缺少的就是各种谷物。

薏米

【健脾渗湿，利水消肿】

薏米含有丰富的碳水化合物，其碳水化合物的含量同粳米相当，其所含蛋白质、脂肪为粳米的2~3倍，并含有人体所必需的氨基酸。薏米还含有薏苡仁油、薏苡素及少量B族维生素。

营养成分（以100克为例）

碳水化合物	71.1克
蛋白质	12.8克
脂肪	3.3克
膳食纤维	2克
钙	42毫克
铁	3.6毫克

别名

薏仁、薏苡仁、六谷米、苡米。

性味归经

性寒，味甘、淡；归脾、胃、肺经。

适合体质

痰湿体质。

生产地

我国大部分地区均产，主产于福建、河北、辽宁。

煲汤适用量：20~100克。

选购与保存

薏米以粒大、饱满、色白者为佳。购买时，要选择质地硬而有光泽、颗粒饱满、呈白色或黄白色、坚实者。

薏米的保存要满足低温、干燥、密封、避光四个基本原则，其中低温是最关键的。因此，应用密封夹夹紧装薏米的包装袋，放入冰箱冷藏。

《本草纲目》： 健脾益胃，补肺清热，去风胜湿。炊饭食，治冷气。煎饮，利小便热淋。

煲汤好搭档

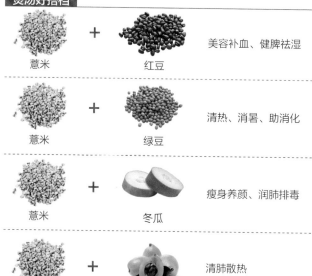

薏米 + 红豆　　美容补血、健脾祛湿

薏米 + 绿豆　　清热、消暑、助消化

薏米 + 冬瓜　　瘦身养颜、润肺排毒

薏米 + 枇杷　　清肺散热

小贴士

薏米搭配肉类煮汤，不仅能使汤的味道更加鲜美，还能大大提高营养价值，并具有排毒、养颜的作用，是女性美容、润肤的常用食材。将薏米磨成粉后，可以当作茶来冲泡饮用，能健脾养胃，其中所含的营养成分也更容易被人体吸收，尤其适合中老年人或消化能力较弱者服用。薏米还可以搭配其他主食煮粥食用，不仅更加可口，营养也更为丰富而全面。

薏米所含糖类的黏性较高，人们吃太多可能会妨碍消化，因此不宜多吃。

清热利尿 + 祛湿消肿
冬瓜荷叶薏米猪腰汤

原料

猪腰150克，冬瓜60克，薏米50克，荷叶30克，香菇20克，盐3克，水适量。

做法

❶ 猪腰洗净，切开，除去白色筋膜，汆水除血沫，然后切块；薏米浸泡，洗净；香菇洗净，泡发，去蒂并划十字；冬瓜去皮、子，洗净，切大块；荷叶洗净。

❷ 瓦煲加水，置于火上，大火将水煮沸后放入所有材料，改用小火煲2小时，加盐调味即可。

适宜人群

本品适宜体质偏热者，以及急慢性肾炎、水肿胀满、尿路感染、高血压病、脂肪肝患者食用。

清热利尿 + 祛湿消肿
蘑菇薏米煲鸭汤

原料

鸭肉600克，鲜蘑菇10克，薏米60克，土豆1个，姜片20克，水1000毫升，米酒50毫升，盐、白糖、水各适量。

做法

❶ 鲜蘑菇洗净，切块；土豆洗净，去皮，切块；薏米洗净，沥干备用。

❷ 鸭肉洗净，剁成小块，放入沸水中焯烫10秒钟，捞出后用冷水冲净。

❸ 锅中倒入水，煮沸后放入鲜蘑菇块、薏米、鸭肉块、姜片和米酒。

❹ 盖上锅盖，大火再次将水煮沸，然后放入土豆块，改转小火煲50分钟，最后加盐和白糖调味即可。

适宜人群

本品适宜患有慢性宫颈炎的女性食用。

健脾渗湿＋利尿通淋
泽泻薏米瘦肉汤

原料

猪瘦肉60克，薏米50克，泽泻20克，盐3克，味精2克，水适量。

做法

❶ 猪瘦肉洗净，切块；泽泻、薏米洗净备用。

❷ 把猪瘦肉块、薏米、泽泻放入锅内，加适量水，大火煮沸后转小火煲1~2小时，最后调入盐和味精即可。

适宜人群

本品适宜尿路感染水肿、肾炎、高血压病、高脂血症、脂肪肝、肝炎患者食用。

泽泻
利水渗湿、泄热、化浊降脂

健脾益气＋丰胸美容
薏米猪蹄汤

原料

猪蹄1只，薏米50克，米酒10毫升，香菜10克，盐3克，辣椒、水各适量。

做法

❶ 猪蹄洗净，切块，汆水；薏米淘洗干净备用；香菜洗净，切段；辣椒洗净，切圈。

❷ 净锅上火，倒入水，大火煮沸，下猪蹄块、薏米、米酒，小火煲2小时，再调入香菜段、辣椒圈、盐即可。

适宜人群

本品适宜产后乳汁不行者，产后气血亏虚者，脾胃虚弱、营养不良者，青春期乳房发育不良者，皮肤粗糙暗沉、面生皱纹者食用。

清热滋阴 + 美容润肤

冬笋薏米墨鱼汤

原料

墨鱼175克，冬笋50克，薏米30克，葱段10克，盐5克，鲜贝露、文蛤精、枸杞子、水各适量。

做法

❶ 墨鱼洗净，切花刀，切块，汆水后装入碗里，放适量鲜贝露、文蛤精腌渍去腥；冬笋洗净，切块；薏米淘洗干净，浸泡；枸杞子洗净。

❷ 汤锅上火加水，放墨鱼块、冬笋块、薏米，大火煮沸，转小火煲熟，后撒入葱段、枸杞子，调入盐，稍煮即可。

适宜人群

本品适宜阴虚火旺、暑热烦渴、消化不良、便秘、咽喉口燥、皮肤粗糙、痤疮患者食用。

五谷靓汤

祛湿消肿 + 益气健脾

山药薏米排骨汤

原料

排骨300克，薏米100克，山药200克，红枣10颗，葱段、姜片、盐、水各适量。

做法

❶ 薏米洗净，提前用水浸泡10小时以上；山药洗净，去皮，切滚刀块；排骨洗净，斩成段；红枣洗净备用。

❷ 将排骨段放入沸水中汆烫3分钟，捞出洗净，沥干。

❸ 取出砂锅，锅内加入足量沸水，放入除盐外的所有原料，大火煮沸后转小火煲1小时。

❹ 出锅前加盐调味即可。

适宜人群

本品适宜脾虚食少、久泻不止、肺虚喘咳、肾虚遗精患者及脾虚湿盛引起的水肿、脚气、小便不利、腹泻患者食用。

绿豆

【清热消暑，利水解毒】

绿豆富含蛋白质、脂肪、碳水化合物及矿物质。绿豆中蛋白质的含量几乎是大米的3倍，赖氨酸的含量更是大米、小米的1~3倍，具有良好的食用价值和药用价值。

营养成分（以100克为例）

热量	1376千焦
碳水化合物	62克
蛋白质	21.6克
脂肪	0.8克
镁	125毫克
钙	81毫克

煲汤适用量：30~120克。

别名
青小豆、菉豆、植豆。

适合体质
热性体质。

性味归经
性寒，味甘；
归心、肝、胃经。

生产地
分布在吉林、黑龙江等地。

选购与保存

绿豆以表皮为蜡质，籽粒饱满、均匀，破碎少，无虫，不含杂质者为佳。向绿豆哈一口热气并立即闻一下，优质绿豆有清香味。

应该把绿豆放到太阳下晒干，然后用塑料袋装起来，再在塑料袋里放几瓣大蒜，密封保存。

《本草纲目》：消肿治痘之功虽同于赤豆，而压热解毒之力过之。且益气、厚肠胃、通经脉，无久服枯人之忌。

煲汤好搭档

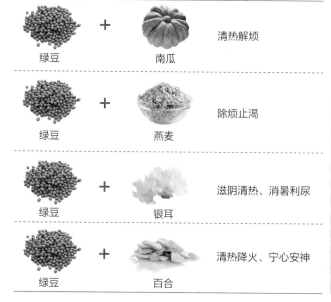

绿豆 + 南瓜　清热解烦

绿豆 + 燕麦　除烦止渴

绿豆 + 银耳　滋阴清热、消暑利尿

绿豆 + 百合　清热降火、宁心安神

小贴士

用绿豆和冰糖熬制的绿豆汤，不仅口感好，而且清热解暑的效果非常好，是夏季清凉解暑的上佳饮品。绿豆可以磨成面粉，与小麦面粉掺在一起做成面条，还可以制成细沙馅心，做成豆沙包。此外，绿豆还可以作为外用药，嚼烂后外敷治疗疮疖和皮肤湿疹。

绿豆性凉，脾胃不好者及吃温补药者不要食用绿豆。忌用铁锅煮绿豆，绿豆在铁锅中煮后会变黑。未煮烂的绿豆气味难闻，人食用后易致恶心、呕吐。

清热解毒 + 滋阴润肺

百合绿豆凉薯汤

原料

百合150克，绿豆60克，凉薯1个，猪瘦肉1块，盐3克，味精2克，水适量。

做法

❶ 百合洗净，泡发；猪瘦肉洗净，切成块。

❷ 凉薯洗净，去皮，切成大块；绿豆洗净。

❸ 将除盐和味精外的所有原料放入煲中，大火煮沸，转用小火煲15分钟，加入盐和味精调味即可。

适宜人群

本品适宜暑热烦渴、湿热泄泻、水肿腹胀者食用。

百合
养心安神、润肺止咳

清热解毒 + 凉血生津

地黄绿豆大肠汤

原料

猪大肠100克，绿豆50克，生地黄、陈皮、盐、水各适量。

做法

❶ 猪大肠洗净，切段；绿豆洗净，入清水浸泡10分钟；生地黄、陈皮均洗净，陈皮切丝。

❷ 将猪大肠段煮至熟透，捞出。

❸ 将除盐外的所有原料放入炖盅，大火煮沸，改小火炖2小时，加盐调味即可。

适宜人群

本品适宜湿热或血热引起的痢疾、便血、急性腹泻等肠道疾病患者，以及尿路感染、尿血、尿痛等泌尿系统疾病患者食用。

土茯苓绿豆老鸭汤

原料

土茯苓50克，绿豆200克，陈皮3克，老鸭500克，盐、葱花、水各适量。

做法

❶ 老鸭洗净，切块备用。

❷ 土茯苓、绿豆洗净备用。

❸ 瓦煲内加适量清水，大火煮沸，放入土茯苓、绿豆、陈皮和老鸭块，改小火煲3小时，加盐调味，撒上葱花即可。

适宜人群

本品适宜水湿内停、水肿尿少、眩晕、心悸、大便湿热、失眠多梦者食用。

陈皮
理气和胃、祛湿缩尿

绿豆鲫鱼汤

原料

绿豆50克，鲫鱼1条，西洋菜150克，胡萝卜100克，姜片、高汤、盐各适量。

做法

❶ 胡萝卜洗净，去皮，切块；鲫鱼洗净；西洋菜洗净。

❷ 砂煲上火，将绿豆、鲫鱼、姜片、胡萝卜块全放入煲内，倒入高汤，煲40分钟，放入西洋菜稍煮，加盐调味即可。

适宜人群

本品适宜暑热烦渴、感冒发热、霍乱吐泻、痰热哮喘、头痛目赤、口舌生疮、水肿尿少、疮疡痈肿、风疹丹毒者食用。

【利尿消炎，降压降脂】

红豆

红豆含有蛋白质、脂肪、碳水化合物、B族维生素、维生素A、维生素C、粗纤维，以及矿物质——钙、磷、铁、铝、铜等成分。

营养成分（以100克为例）

热量	1357千焦
碳水化合物	63.4克
蛋白质	20.2克
脂肪	0.6克
钙	74毫克
胡萝卜素	80微克

煲汤适用量：15~100克。

别名
赤豆、红小豆、朱赤豆、朱小豆。

性味归经
性平，味甘；归心、小肠经。

生产地
吉林、北京、天津、河北、陕西、山东、江苏、浙江、江西等地为多。

适合体质
痰湿体质。

选购与保存

以颗粒饱满完整、色泽红艳、手感润滑者为佳。

储存红豆的方法很多，一种是将红豆在热水中浸泡20分钟，然后捞出晒干水分，放在罐中密封，这样能储存很长时间。还有一种是将红豆晒干后去除杂质，放入塑料袋中，在塑料袋中放入几个干辣椒，将袋口扎紧，然后将其放置于干燥、通风的地方保存即可，这样既可防潮又可防虫蛀。另外，将红豆和干草木灰混在一起密封保存，可以保存很长时间，吃时用筛子筛去灰，洗净即可。

煲汤好搭档

红豆	+ 核桃	缓解疲劳
红豆	+ 草莓	补血养颜
红豆	+ 山药	清湿热、健脾止泻
红豆	+ 鲤鱼	消水肿

《本草纲目》其性下行，通乎小肠，能入阴分，治有形之病。故行津液、利小便，消胀除肿止吐，而治下痢肠澼，解酒病。

小贴士

红豆有一种独特的味道，可发芽或烤后当作搭配咖啡的点心食用。

红豆较难煮熟，因此在煮之前可先清洗，用水浸泡3~5小时再煮，用浸泡豆子的水来煮，更有利于保存其营养成分。

清热解毒 + 利尿消肿

蒲公英红豆薏米汤

原料

糯米50克，红豆30克，薏米20克，蒲公英10克，白糖5克，葱花7克，水适量。

做法

❶ 糯米、红豆、薏米均洗净，泡发；蒲公英洗净，煎取药汁备用。

❷ 将糯米、红豆、薏米放入锅中，加水，大火煮沸，转小火煮至米粒开花。

❸ 倒入蒲公英汁，煮至粥呈浓稠状，撒上葱花，调入白糖拌匀即可。

适宜人群

本品适宜急性咽炎、扁桃体炎、急性乳腺炎、热毒性疔疮疖肿、尿路感染、肺脓肿患者，以及痢疾、湿热下注所致腹泻的患者食用。

健脾益气 + 利尿消肿

红豆鲫鱼汤

原料

红豆50克，薏米10克，鲫鱼1条，枸杞子10克，盐5克，水2000毫升。

做法

❶ 鲫鱼清理干净备用；枸杞子洗净；红豆、薏米洗净，泡发备用。

❷ 将红豆、薏米放入锅中，加水，大火煮开，转小火续煮20分钟，放入鲫鱼煲至鱼熟烂，再加入枸杞子略煮，加盐调味即可。

适宜人群

本品适宜肾炎水肿、妊娠水肿、尿路感染、高血压病、高脂血症、脂肪肝、贫血、营养不良患者食用。

益气补血 + 美白养颜
红豆牛奶汤

原料

红豆15克,红枣15克,低脂鲜奶190毫升,白糖5克,水适量。

做法

❶ 红豆洗净,泡水8小时;红枣洗净,去核,切薄片。

❷ 将红豆、红枣片放入锅中,加水,中火煮30分钟,再转小火焖煮30分钟。

❸ 将红豆、红枣、白糖、低脂鲜奶放入碗中,搅拌均匀即可。

适宜人群

本品适宜爱美女性及皮肤萎黄暗沉者、痤疮患者、胃阴亏虚者、营养不良性水肿者、尿路感染者食用。

凉血解毒 + 活血化瘀
二草红豆汤

原料

红豆200克,益母草15克,白花蛇舌草15克,红糖、水各适量。

做法

❶ 红豆洗净,以水浸泡;益母草、白花蛇舌草洗净,煎汁。

❷ 捞出益母草和白花蛇舌草,加入红豆,小火煲1小时,至红豆熟烂,加红糖调味即可。

适宜人群

本品适宜月经不调、胎漏难产、胞衣不下、产后血晕、瘀血腹痛、崩中漏下、尿血、便血者食用。

益母草
活血、化瘀、调经

第三章

五果靓汤

　　"五果"泛指桃、杏、李、枣、栗子等多种鲜果、干果和坚果。它们含有丰富的维生素、微量元素和膳食纤维，还含有植物蛋白质。五果尽量生吃，以保证养分中的维生素不受烹调的破坏。五果中的干果和坚果有利于补充人体蛋白质。

红枣

【补脾益气，养血安神】

红枣含有光千金藤碱、红枣皂苷、胡萝卜素、维生素C等成分。红枣是中药里的佳品，素有"天然维生素丸"之称。

营养成分（以100克为例）

热量	1155千焦
膳食纤维	6.2克
蛋白质	3.2克
钙	64毫克
镁	36毫克
胡萝卜素	10微克

煲汤适用量：10~20克。

别名

干枣、美枣、良枣、大枣。

生产地

主产于山西、山东、河南、甘肃、新疆等地。

适合体质

气虚体质。

性味归经

性温，味甘；归脾、胃经。

选购与保存

红枣以颗粒饱满，表皮不裂、不烂、皱纹少、痕迹浅，皮色深红、略带光泽，肉质厚实，捏下去时滑糯不松，身干爽，核小，松脆香甜者为佳。

红枣怕风吹、高温和潮湿。红枣受风后易干缩，皮色由红变黑；在高温、潮湿环境中，易出浆、生虫、发霉。购买红枣后，为防止其发黑，可在红枣上遮一层篾席，或在通风、阴凉处摊晾几天。待晾透后放入缸内，加木盖或拌草木灰，放桶内盖好，也可放进冰箱冷藏，口味更佳。

煲汤好搭档

红枣 ＋ 牛肉	补中益气
红枣 ＋ 糯米	增强体质
红枣 ＋ 人参	补虚健体
红枣 ＋ 龙眼	益气补血

《日华子本草》：润心肺，止嗽，补五脏，治虚劳损，除肠胃癖气。

小贴士

红枣配鲜芹菜根同煎服，对调节血脂、胆固醇有一定效果。红枣皮含有丰富的营养成分，炖汤时应连皮一起烹调。红枣皮的膳食纤维含量很高，不容易消化，吃时一定要充分咀嚼，不然会影响消化。胃肠道功能不佳的人不能多吃。

健脾益气 + 养血下乳

红枣白萝卜猪蹄汤

原料

　　猪蹄、白萝卜各300克，红枣20克，姜片、盐、水各适量。

做法

　　❶ 猪蹄洗净，切块；白萝卜洗净，切成块；红枣洗净，浸水。

　　❷ 将猪蹄块放入沸水中汆去血水，捞出洗净。

　　❸ 将猪蹄块、姜片、红枣放入炖盅，注入水，用大火煮沸，放入白萝卜块，转用小火炖2小时，加盐调味即可。

适宜人群

　　本品适宜产后乳汁不下、皮肤粗糙萎黄、贫血、低血压、脾虚、食欲不振者食用。

养颜润肤 + 滋阴润燥

粉葛红枣猪骨汤

原料

　　猪骨200克，粉葛100克，白芷6克，红枣5颗，盐3克，姜片、水各适量。

做法

　　❶ 粉葛洗净，切成块；白芷、红枣洗净；猪骨洗净，斩块，并汆去血水。

　　❷ 将粉葛块、红枣、猪骨块、白芷、姜片放入盛水的炖盅，大火煮沸后改小火炖2.5小时，加盐调味即可。

适宜人群

　　本品适宜皮肤干燥暗黄、贫血、体虚容易感冒、骨质疏松、胃虚食少者食用。

养血滋阴 + 益气健脾

红枣莲藕排骨汤

原料

　　莲藕2节，排骨250克，红枣、黑枣各10颗，盐6克，水适量。

做法

　　❶ 排骨洗净，切块，汆水。

　　❷ 莲藕削皮，洗净，切块；红枣、黑枣洗净。

　　❸ 将做法❶和做法❷的材料盛入锅内，加水，煮沸后转小火煲40分钟，加盐调味即可。

适宜人群

　　本品适宜老年人、更年期女性，以及阴虚内热、体虚感冒、骨质疏松、胃虚食少、气血不足、营养不良者食用。

红枣猪肝香菇汤

原料

猪肝250克，香菇30克，红枣6颗，枸杞子、姜、盐、鸡精、水各适量。

做法

❶ 猪肝洗净，切片；香菇洗净，泡发；红枣、枸杞子分别洗净；姜洗净，去皮，切片。

❷ 猪肝片放入沸水中氽去血沫。

❸ 炖盅装水，放入做法❶和做法❷的所有食材，上蒸笼蒸3小时，加盐和鸡精调味即可。

适宜人群

本品适宜肝肾亏虚引起的两目昏花者、贫血者、脾胃虚弱者及胃溃疡、癌症患者食用。

葡萄干红枣汤

原料

红枣15克，葡萄干30克，水适量。

做法

❶ 葡萄干洗净备用。

❷ 红枣洗净，去核。

❸ 锅中加水，大火煮沸，先放入红枣煮10分钟，再放入葡萄干煮至枣烂即可。

适宜人群

本品适宜气血虚弱、心悸盗汗、浮肿、眼睛干涩、视物模糊、贫血者食用。

葡萄干
补气血、强筋骨

桑葚

【补血滋阴，生津润燥】

桑葚含有糖、鞣酸、苹果酸及维生素A、维生素B₁、维生素B₂、维生素C及胡萝卜素等成分。桑葚是滋补强壮、养心补血的佳果。

营养成分（以100克为例）

热量	240千焦
碳水化合物	13.8克
蛋白质	1.7克
脂肪	0.4克
钙	37毫克
铁	0.4毫克

煲汤适用量：30~50克。

别名
桑果、桑葚子、乌椹、桑枣。

生产地
全国各地均有栽培，以山东、新疆、广东等地所产品质为佳。

适合体质
阴虚体质。

性味归经
性凉，味甘、微酸；归肝、肾经。

五果靓汤

选购与保存

桑葚以外形长圆、个大、肉厚、紫红色、糖分多者为佳。洗桑葚时先用自来水连续冲洗桑葚表面几分钟，再将其浸泡于淘米水中（可加少许盐），过一会儿用清水洗净，浸泡时间控制在15分钟左右为宜。

桑葚易发霉、易遭虫蛀，须储存于干燥处。

煲汤好搭档

桑葚 + 蜂蜜　养血生津

桑葚 + 糯米　补肾健脾

桑葚 + 龙眼　治疗贫血

《本草纲目》： 利五脏关节，通血气，久服不饥，安魂镇神，令人聪明，变白不老。

小贴士

桑葚熬膏时忌用铁质器皿，因为桑葚会分解酸性物质，与铁会产生化学反应，导致食用者中毒。此外，桑葚中含有溶血性过敏物质及透明质酸，食用者过量食用后容易发生溶血性肠炎。

滋补肝肾 + 壮骨明目

桑葚牛骨汤

原料

牛排骨350克，桑葚、枸杞子各30克，姜丝5克，盐、水各适量。

做法

❶ 牛排骨洗净，斩块氽水；桑葚、枸杞子洗净，泡软。

❷ 汤锅中加水，放入牛排骨块、姜丝，大火煮沸后撇去浮沫。

❸ 加入桑葚、枸杞子，转小火慢煲2小时，加盐调味即可。

适宜人群

本品适宜肝肾亏虚引起的两目干涩昏花、头晕耳鸣、骨质疏松者，胃阴亏虚、咽干口燥、烦渴喜饮者，头发早白者，以及贫血者食用。

滋阴补肾 + 明目益智

桑葚汤

原料

桑葚、枸杞子各30克，山药块50克，冰糖、水各适量。

做法

❶ 桑葚、枸杞子、山药块冲洗干净，放入锅中，加水，大火煮沸后转小火熬煮30分钟，捞出食物残渣，放入冰糖煮化备用。

❷ 食用时兑入凉开水少许，拌匀即可。

适宜人群

本品适宜肝肾阴虚者饮用，一般人群也可饮用。

山药
健脾胃、益肺肾

乌梅

【生津止渴，敛肺涩肠】

乌梅是药食同源的制品，其性平，味酸、涩，有生津、止渴、敛肺、涩肠、安蛔虫等功效。乌梅是生津止渴的居家良药。

煲汤适用量：4~20克。

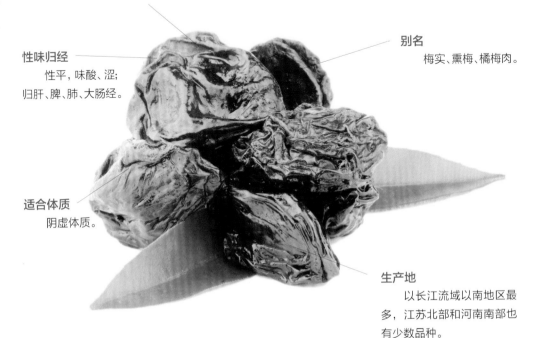

性味归经
性平，味酸、涩；
归肝、脾、肺、大肠经。

别名
梅实、熏梅、橘梅肉。

适合体质
阴虚体质。

生产地
以长江流域以南地区最多，江苏北部和河南南部也有少数品种。

选购与保存

乌梅以个大、肉厚、核小、外皮乌黑色、不破裂露核，质柔润，味极酸者为佳。

乌梅宜装入瓷罐内密封，置于阴凉、干燥处储存，可防霉、防虫蛀。

煲汤好搭档

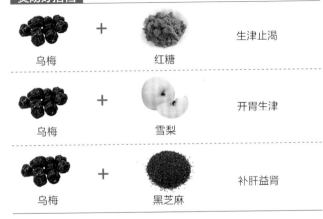

乌梅 + 红糖	生津止渴
乌梅 + 雪梨	开胃生津
乌梅 + 黑芝麻	补肝益肾

《本草纲目》：敛肺涩肠，治久嗽泻痢，反胃噎膈，蛔厥吐利；消肿，涌痰，杀虫；解鱼毒、马汗毒、硫黄毒。

小贴士

乌梅可煎汤服用，亦可直接食用，或入丸、散。食用乌梅后可咀嚼一些核桃仁，能减少对牙齿的伤害。吃乌梅每次3颗左右为宜，多吃则易损伤牙齿。

滋阴润燥 + 生津止渴

阳桃乌梅甜汤

原料

阳桃1个，乌梅4颗，麦冬15克，天门冬10克，冰糖、紫苏梅汁、盐、水各适量。

做法

❶ 将麦冬、天门冬放入棉布袋；阳桃表皮以少量的盐搓洗干净，切除头尾，再切成片状。

❷ 将棉布袋与阳桃片、乌梅放入锅中，加水，以小火煮沸，加入冰糖搅拌至溶化。

❸ 取出棉布袋，加入紫苏梅汁拌匀即可。

适宜人群

本品适宜咽干喑哑、咽喉肿痛、暑热烦渴者，肺阴虚致干咳咯血、慢性萎缩性胃炎、高血压病、高脂血症患者，以及阴虚体质者食用。

滋阴补血 + 益气补虚

乌梅当归鸡汤

原料

当归15克，鸡肉300克，乌梅6颗，枸杞子、党参各10克，盐5克，水适量。

做法

❶ 鸡肉洗净，切块，氽水；当归、枸杞子、党参分别洗净。

❷ 锅中加水，置于火上，大火煮沸后，放入除盐外的所有原料，转小火煲2小时。

❸ 加盐调味即可。

适宜人群

本品适宜贫血者，干燥综合征患者，以及体质虚弱、面色姜黄无华、尿血、便血、胃酸分泌过少者食用。

当归
补血活血、调经止痛

杏仁

【止咳平喘，润肠通便】

杏仁分为甜杏仁和苦杏仁。甜杏仁实为扁桃仁，作药用的一般为苦仁，此节仅阐述苦杏仁。杏仁中含有丰富的蛋白质、糖类、维生素等营养成分。

营养成分（以100克为例）

热量	2419千焦
脂肪	45.4克
碳水化合物	23.9克
蛋白质	22.5克
膳食纤维	8.0克
钾	106毫克

煲汤适用量：4.5~9克。

性味归经

性温，味苦；归肺、大肠经。

别名

杏核仁、木落子、苦杏仁、杏梅仁、杏子。

生产地

主要分布在我国北方，以华北、东北、西北地区为主。

适合体质

痰湿体质。

选购与保存

杏仁以颗粒大、饱满、均匀、有光泽者为佳，形状多为鸡心形或扁圆形。杏仁呈浅黄略带红色，色泽清新鲜艳，皮纹清楚不深，仁肉白净。

带壳杏仁在凉爽、干燥的地方可保存1年，去壳杏仁必须冷藏，存放时间不宜超过半年。

煲汤好搭档

杏仁	+ 银耳	润肺养胃
杏仁	+ 雪梨	生津止咳
杏仁	+ 猪肉	止咳、降气、化痰
杏仁	+ 菊花	滋阴通络

《本草纲目》：杏仁能散能降，故解肌散风、降气润燥、消积治伤损药中用之。

小贴士

过量服用杏仁可导致中毒，表现为眩晕、突然晕倒、心悸、头痛、恶心呕吐、惊厥、昏迷、皮肤发绀、瞳孔散大、对光反射消失、脉搏减弱、呼吸急促或缓慢而不规则；若不及时抢救，中毒患者可因呼吸衰竭而死亡。

润肠通便 + 益智补脑

杏仁核桃牛奶饮

原料

杏仁9克，核桃仁20克，牛奶200毫升，蜂蜜、水各适量。

做法

❶ 将杏仁、核桃仁放入清水中洗净，与牛奶一起放入炖锅中。

❷ 加水后将炖锅置于火上煮沸，再转小火炖20分钟即可关火。

❸ 稍凉后放入蜂蜜搅拌均匀即可饮用。

适宜人群

本品适宜习惯性便秘、肺虚咳嗽、记忆力衰退、皮肤暗黄粗糙、面生细纹、神经衰弱、失眠多梦、胃阴亏虚者食用。

核桃
止咳平喘、润燥通便

益气润肺 + 止咳化痰

杏仁白萝卜猪肺汤

原料

猪肺250克，白萝卜100克，花菇50克，杏仁9克，高汤、姜片、盐、味精各适量。

做法

❶ 猪肺反复冲洗干净，切成大块；杏仁、花菇浸透洗净，花菇切片；白萝卜洗净，带皮切成中块。

❷ 将做法❶的原料连同高汤、姜片放入炖盅，盖上盅盖，隔水炖之，先用大火炖30分钟，再用中火炖50分钟，后用小火炖1小时。

❸ 炖好后加盐和味精调味即可。

适宜人群

本品一般人群皆可食用，尤其适合肺阴虚或肺热咳嗽咳痰者。

萝卜
下气、消食、生津

枸杞子

【滋补肝肾，益精明目】

枸杞子富含维生素B_1、维生素B_2、维生素C、胡萝卜素、磷、铁，以及多种氨基酸等成分。枸杞子是一味功效显著的传统中药材。

营养成分（以100克为例）

碳水化合物	64.1克
膳食纤维	16.9克
蛋白质	13.9克
镁	96毫克
钙	60毫克

煲汤适用量：10~30克。

别名
苟起子、甜菜子、西枸杞、狗奶子、枸杞果。

生产地
主产于宁夏、河北、山东、江苏、浙江、江西、云南、四川等地。

适合体质
阴虚、血虚体质。

性味归经
性平，味甘；归肝、肾、肺经。

选购与保存

选购枸杞子时，一看色泽：品质好的枸杞子，表面鲜红色至暗红色，有不规则皱纹，略具光泽。二闻气味：没有异味和刺激的味道。三尝味道：口感甜润，无苦味、涩味，则为优品品。用碱水处理过的枸杞子有苦涩感。

枸杞子可放入冰箱保存，也可用乙醇保存，具体方法为：将枸杞子用乙醇喷雾拌匀，然后用无毒性的塑料袋装好，排出空气，封口存放，随用随取。用乙醇保存既可防止虫蛀，又可以使其色泽鲜艳如鲜品。

《本草纲目》：至于子则甘平而润，不能退热，只能补肾润肺，生精益气。此乃平补之药。

小贴士

枸杞子能补益精气、强壮筋骨、去虚劳病，自古都是延年益寿的佳品。枸杞子的食用方法多样，一般人每天用开水冲泡，当茶饮用即可，也可把枸杞子洗净后加清水煮，大火煮开后转小火，煮15~20分钟，煮好之后带枸杞子一起吃掉，效果更好。如果平时喜欢喝酒，那也可以用枸杞子来泡酒。外感湿热、脾虚泄泻者不宜服用。

煲汤好搭档

枸杞子	麦冬	治阴虚肺燥
枸杞子	熟地黄	补肝益肾
枸杞子	羊肉	补肾壮阳

滋阴补血 + 养肝明目

枸杞子瘦肉汤

原料

山药600克，瘦肉500克，白芍5克，枸杞子10克，盐6克，水适量。

做法

❶ 瘦肉洗净，氽水待凉后，切成薄片。

❷ 山药削皮，洗净，切块；白芍洗净。

❸ 将瘦肉片、山药块、白芍放入炖锅中，加水，大火煮沸后转小火慢炖1小时。

❹ 加入枸杞子，继续煮10分钟，加盐调味即可。

适宜人群

本品适宜贫血者，肝肾亏虚所致两目干涩、视物昏花者，以及白内障患者食用。

白芍
养血调经、敛阴止汗、柔肝止痛

益气补虚 + 涩肠止泻

猪肠莲子枸杞子汤

原料

猪肠150克，红枣8颗，枸杞子10克，鸡爪、党参、莲子、盐、水各适量，葱段5克。

做法

❶ 猪肠切段，洗净；鸡爪、红枣、枸杞子、党参均洗净；莲子去皮，去莲心，洗净。

❷ 猪肠段氽水。

❸ 将做法❶和做法❷的所有材料放入瓦煲，加清水，大火煮沸后转小火煲2小时，加盐调味，撒上葱段即可。

适宜人群

本品适宜体质虚弱者、直肠癌患者或结肠癌患者食用。

益气健脾 + 止泻止带

山药薏米枸杞子汤

原料

山药25克，薏米50克，枸杞子10克，姜片、冰糖、水各适量。

做法

❶ 山药去皮，洗净，切块；薏米洗净，泡发；枸杞子洗净。

❷ 锅中加水，将以上备好的材料放入锅中，加入姜片，大火煮沸，再转小火煲1.5小时。

❸ 加入冰糖调味即可。

适宜人群

本品适宜面色暗黄、面生痤疮者，慢性萎缩性胃炎患者，以及妇女带下过多者食用。

益气补血 + 美容养颜

猪皮枸杞子红枣汤

原料

猪皮80克，红枣15克，枸杞子、姜、高汤、鸡精各适量，盐1克。

做法

❶ 猪皮收拾干净，切块；姜洗净，去皮，切片；红枣、枸杞子分别用温水略泡，洗净。

❷ 猪皮块入沸水汆透后捞出。

❸ 砂锅内注入高汤，加入猪皮块、枸杞子、红枣、姜片，小火煲2小时，调入盐、鸡精即可。

适宜人群

本品适宜爱美女性，皮肤粗糙、面色暗黄者，产后或病后体虚者，乳汁不下者食用。

猪皮
活血止血、美容养颜

养肝明目 + 清心安神

兔肉百合枸杞子汤

原料

兔肉60克，百合130克，枸杞子50克，盐、水各适量。

做法

❶ 兔肉洗净，切块；百合、枸杞子洗净，泡发。

❷ 锅中加清水，再加入兔肉块，烧开后倒入百合、枸杞子，再煮5分钟，加盐调味即可。

适宜人群

本品适宜体虚肺弱者、更年期女性、神经衰弱者、睡眠不宁者食用。

兔肉
补血益气、滋阴凉血

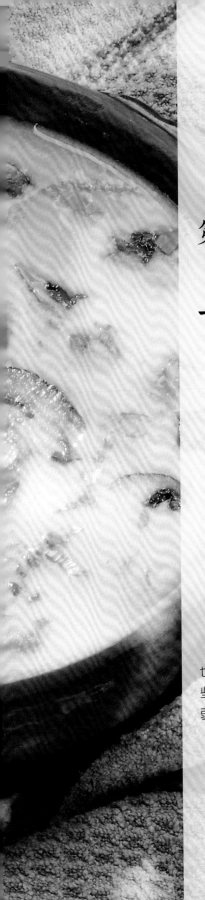

第四章

五畜靓汤

　　《黄帝内经》中的"五畜"为牛、犬、猪、羊、马，也就是我们现在所说的牛、猪、羊等各种畜类。食用一些畜肉，可以大补精血，但发育不完全的小孩和肠胃较弱的老人不宜摄入过多，否则不易消化。

猪肉

【滋阴润燥，补肾养血】

猪肉是人类摄取动物类脂肪和蛋白质的主要来源之一。猪肉的纤维较为细软，结缔组织较少，肌肉组织中含有较多的肌间脂肪。猪肉经过烹调加工后，味道特别鲜美。

营养成分（以100克为例）

热量	1370千焦
脂肪	30.1克
蛋白质	15.1克
钾	218毫克
磷	121毫克
铁	1.3毫克

煲汤适用量：100~500克。

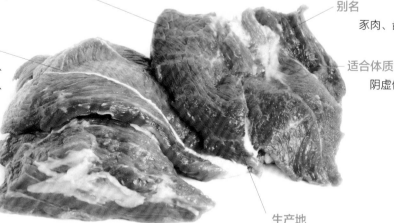

别名
豕肉、彘肉。

性味归经
性平，味甘、咸；归脾、胃、肾经。

适合体质
阴虚体质。

生产地
全国分布比较广泛，各地均有产出。

选购与保存

新鲜猪肉：颜色应呈均匀的粉红色，富光泽者质量最佳；脂肪应较白，外表略干，用手摸不黏手；应富有弹性，按压后可立即恢复原状；无异味。

冷冻猪肉：肉质应紧密；外表和切面略潮湿，用手摸应无黏腻感；应无异味；色红均匀，应富光泽，脂肪应较白。

保存：清洗干净，分为几等份，用保鲜膜或保鲜袋装起来，挤出空气，分别放入冰箱冷冻层即可，但要注意标明购买日期，切忌存放过久。

《本草求真》：味隽永，食之能润肠胃，生津液，丰肌体，泽皮肤，固其所也。

煲汤好搭档

 猪肉 + 大蒜 —— 缓解疲劳

 猪肉 + 海带 —— 降压补虚

 猪肉 + 香菇 —— 营养均衡

小贴士

猪肉经长时间炖煮后，脂肪会减少30%~50%，不饱和脂肪酸增加，而胆固醇的含量会大大降低。猪肉不宜在猪刚被屠杀后煮食，食用前不宜用热水浸泡，在烧煮过程中忌加冷水。不宜多食煎炸咸肉，不宜多食腌制的猪肉，忌食猪油渣。

疏肝和胃 + 理气止痛
佛手白芍猪肉汤

原料

鲜佛手200克，白芍20克，猪瘦肉400克，蜜枣5颗，盐3克，水适量。

做法

❶ 鲜佛手洗净，切片，焯水。

❷ 白芍、蜜枣洗净；猪瘦肉洗净，切片，余水。

❸ 将水放入瓦煲内，煮沸后加入做法❶和做法❷的原料，再次大火煮沸，改用小火煲2小时，加盐调味即可。

适宜人群

本品适宜胁肋疼痛者，肝炎、抑郁症、胃痛、消化性溃疡患者，以及月经不调、产后血瘀腹痛者食用。

蜜枣

补气活血、润肺健脾

生津止渴 + 疏散风热
葛根猪肉汤

原料

葛根40克，牛蒡20克，猪瘦肉250克，葱、盐、味精、胡椒粉、香油、水各适量。

做法

❶ 将猪瘦肉洗净，切块，余水；葛根、牛蒡均洗净，切块；葱洗净，切段。

❷ 将猪瘦肉块放入加了水的砂锅，煮熟后再加入葛根块、牛蒡块、盐、味精、葱段、香油，稍煮片刻，撒上胡椒粉即可。

适宜人群

本品适宜阴虚体质者，肺热咳嗽、风热感冒、高血压、冠心病、糖尿病、流行性感冒患者食用。

健运脾胃 + 清心安神
莲子瘦肉汤

原料

去心莲子200克，猪瘦肉400克，盐、白糖、水各适量。

做法

❶ 猪瘦肉洗净，切块，放入碗中，撒适量盐，拌匀腌渍15分钟；莲子浸泡后洗净，并沥干水。

❷ 莲子、猪瘦肉块、白糖一起放入电饭煲中，加水，用煲汤挡煮好后加盐调味即可。

适宜人群

本品适宜中老年人、脑力劳动者食用。

五畜靓汤

清热凉血 + 解毒杀菌
板蓝根猪腱汤

原料
板蓝根10克，连翘8克，苦笋50克，猪腱180克，味精、鸡精、盐、水各适量。

做法
❶ 板蓝根、连翘均洗净，煎取药汁备用。

❷ 猪腱洗净，斩成小块；苦笋洗净，切片。

❸ 将苦笋片、猪腱块、药汁放入炖盅内蒸2小时，调入味精、鸡精、盐即可。

适宜人群
本品适宜风热感冒、流行性感冒、流行性结膜炎、流行性脑脊髓膜炎、口舌生疮、带状疱疹、咽炎、腮腺炎、各种疔疮痈肿患者食用。

柔肝缓急 + 养心安神
甘草麦枣猪肉汤

原料
猪瘦肉400克，盐5克，甘草、麦芽、红枣、水各适量。

做法
❶ 猪瘦肉洗净，切块，汆去血水；甘草、麦芽、红枣均洗净备用。

❷ 将猪瘦肉块、甘草、麦芽、红枣放入锅中，加水，大火煮沸，转小火煲2小时。

❸ 加盐调味即可。

适宜人群
本品适宜更年期综合征患者，心悸、失眠多梦患者，脾胃虚弱、食欲不振者，胃溃疡患者，心神不安、郁郁寡欢者食用。

清热凉血 + 利尿通淋
茅根马蹄猪肉汤

原料
干白茅根15克，马蹄10个，藕节20克，猪腿肉300克，盐适量。

做法
❶ 干白茅根、藕节均洗净；马蹄洗净，去皮；猪腿肉洗净，切块，汆去血水。

❷ 将白茅根、马蹄、藕节、猪腿肉块一起放入砂锅，加水，大火煮沸后转小火煲2小时。

❸ 加盐调味即可。

适宜人群
本品适宜尿路感染（症见尿频、尿急、尿痛）、急慢性肾炎（症见高血压、水肿、蛋白尿、血尿）、尿路结石的患者及各种湿热性病症患者食用。

清热排脓 + 止咳化痰
鱼腥草冬瓜猪肉汤

原料

薏米、川贝各10克，鱼腥草30克，冬瓜200克，猪瘦肉150克，盐6克，水适量。

做法

❶ 冬瓜洗净，切块；猪瘦肉洗净，切块，氽去血水后捞出备用；薏米洗净，浸泡；川贝洗净。

❷ 将冬瓜块、猪瘦肉块、薏米、川贝、鱼腥草放入锅中，加水，煲1.5小时后加盐调味即可。

适宜人群

本品适宜肺热咳嗽、咳吐黄痰或腥臭脓痰患者（急性肺炎、急性支气管炎、肺脓肿等患者），小便不利者食用。

养血益气 + 滋阴补肾
绞股蓝墨鱼猪肉汤

原料

绞股蓝8克，墨鱼150克，猪瘦肉300克，黑豆50克，盐、鸡精、水各适量。

做法

❶ 猪瘦肉洗净，切块，氽水；墨鱼洗净，切段；黑豆洗净，浸泡；绞股蓝洗净，煎水。

❷ 锅中放入猪瘦肉块、墨鱼段、黑豆，加水，煲2小时。

❸ 放入绞股蓝汁煮5分钟，加入盐、鸡精调味即可。

适宜人群

本品适宜肾阴亏虚引起的头晕耳鸣、两目干涩昏花、须发早白、脱发、腰膝酸软、遗精盗汗、五心烦热者食用。

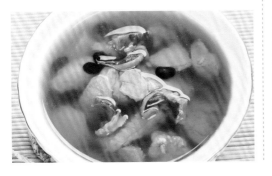

滋阴益气 + 止咳化痰
丝瓜鲜菇瘦肉汤

原料

丝瓜160克，新鲜香菇2朵，猪瘦肉100克，姜10克，水500毫升，色拉油、盐各适量。

做法

❶ 丝瓜洗净，去皮，切成片；新鲜香菇洗净，切成片；猪瘦肉洗净，切成厚片；姜去皮，切片备用。

❷ 取锅，锅内加入色拉油，放入姜片，用小火慢慢炝香，再倒入水以中火煮开。

❸ 加入香菇片、猪瘦肉片，煮至八分熟，再加入丝瓜片和盐，续煮约5分钟即可。

适宜人群

本品适宜阴虚体质、心胸郁结、肺虚久嗽、干咳咯血、咽干口渴、虚热烦倦、失眠、五心烦热、肠燥便秘者及肝病者食用。

五畜靓汤

消食化积 + 健脾益胃

山楂麦芽猪腱汤

原料

猪腱300克，麦芽20克，山楂10克，陈皮3克，盐2克，鸡精3克，水适量。

做法

❶ 山楂洗净，去核切片；麦芽、陈皮洗净；猪腱洗净，斩块并汆水。

❷ 瓦煲内加水，用大火煮沸，下做法❶的原料，改小火煲2.5小时，加盐、鸡精调味即可。

适宜人群

本品适宜食欲不振、食积腹胀者，慢性萎缩性胃炎患者，食管癌患者，胃大部分切除术后的胃癌患者食用。

清热利湿 + 消炎杀菌

马齿苋杏仁猪肉汤

原料

鲜马齿苋100克，金银花6克，杏仁20克，猪瘦肉150克，盐、水各适量。

做法

❶ 鲜马齿苋、金银花、杏仁均洗净；猪瘦肉洗净，切块。

❷ 将做法❶的原料放入锅中，加水，大火煮沸，转小火继续煮10分钟，最后加盐调味即可。

适宜人群

本品适宜湿热下注型腹泻、痢疾患者，肛周脓肿患者，乳腺炎患者，阴道炎、外阴瘙痒、尿道炎、白带色黄臭秽患者，上火引起的口舌生疮、目赤肿痛者，以及湿疹、皮肤瘙痒者食用。

滋补肝肾 + 调经止痛

黑豆益母草猪肉汤

原料

猪瘦肉250克，黑豆50克，薏米30克，鲜益母草20克，枸杞子10克，盐5克，鸡精5克，水适量。

做法

❶ 猪瘦肉洗净，切块，汆水；黑豆、薏米均洗净，浸泡；鲜益母草、枸杞子均洗净。

❷ 将猪瘦肉块、黑豆、薏米放入锅中，加水，大火煮沸，转小火慢煲2小时。

❸ 放入鲜益母草、枸杞子稍煮，调入盐和鸡精即可。

适宜人群

本品适宜血瘀腹痛、痛经、肾炎水肿、尿血者食用。

益气健脾 + 生津润肺
太子参猪肉汤

原料

水发海底椰100克，猪瘦肉75克，太子参片5克，姜片10克，白糖2克，盐6克，辣椒圈、高汤、莳萝各适量。

做法

① 将水发海底椰洗净，切片；猪瘦肉洗净，切片；太子参片洗净。

② 锅内倒入高汤，调入盐、白糖、姜片，下水发海底椰片、猪瘦肉片、太子参片烧开，撇去浮沫，煲熟，撒上辣椒圈，放上莳萝作为装饰即可。

适宜人群

本品适宜脾气虚弱、食少倦怠、胃阴不足、气阴不足、病后虚弱、自汗口渴、肺燥干咳者食用。

活血补血 + 调经止痛
益母草红枣猪肉汤

原料

益母草20克，当归8克，猪瘦肉250克，红枣20克，盐、味精、水各适量。

做法

① 益母草、当归、红枣分别洗净；猪瘦肉洗净，切大块。

② 将猪瘦肉块、当归、红枣放入锅内，加水，大火煮沸后转小火煲1小时，再放入益母草稍煮5分钟，最后调入盐、味精即可。

适宜人群

本品适宜月经不调者，难产、胞衣不下、产后血晕、瘀血腹痛者，瘀血所致崩漏、尿血者食用。

益气生津 + 利咽消肿
太子参无花果猪瘦肉汤

原料

猪瘦肉200克，无花果20克，太子参15克，盐、味精、开水各适量。

做法

① 太子参、无花果洗净；猪瘦肉洗净，切片。

② 把做法①的原料放入炖盅，加开水，盖好，隔滚水炖2小时，加盐、味精调味即可。

适宜人群

本品适宜肺阴虚干咳、神疲乏力、面色萎黄、食欲减退、脾虚腹泻、口干咽燥、咽喉肿痛、自汗盗汗者，癌症、慢性消耗性疾病患者，以及产后、病后体虚者食用。

滋养脏腑 + 补益虚损
冬瓜肉丸汤

原料

猪瘦肉400克，冬瓜200克，盐、淀粉、水各适量。

做法

❶ 冬瓜去瓤，洗净，切块；猪瘦肉洗净，剁成肉末，加入淀粉拌匀，捏成肉丸子。

❷ 炒锅倒水加热，下冬瓜块焯水，捞出沥干。

❸ 冬瓜块和肉丸子一同放入电饭煲，加水调至煲汤挡，煮好后加盐调味即可。

适宜人群

本品适宜老年人、儿童食用。

冬瓜
利水消痰、清热解毒

润肺祛燥 + 滋阴生津
雪梨猪腿汤

原料

猪腱500克，雪梨1个，无花果8个，盐5克，水适量。

做法

❶ 猪腱洗净，切块；雪梨去皮，洗净，去核，切块；无花果用清水浸泡，洗净。

❷ 把做法❶的原料放入瓦煲，加水，大火煮沸后改小火煲2小时。

❸ 加盐调味即可。

适宜人群

本品适宜咳嗽痰黄难咯、热病口渴、大便干结、饮酒过度者食用。

雪梨
清肺止咳、开胃护肝

养阴润肺 + 生津益胃
雪梨银耳瘦肉汤

原料

雪梨500克，银耳20克，红枣11颗，猪瘦肉500克，盐5克。

做法

① 雪梨洗净，去核，切块；猪瘦肉洗净，切片。

② 银耳洗净，撕成小朵；红枣洗净。

③ 瓦煲内倒入清水，煮沸后加入做法①和做法②的全部原料，小火煲2小时，加盐调味即可。

适宜人群

本品适宜咳嗽痰黄难咯、口燥咽干、肺燥干咳、大便秘结者食用。

滋阴清热 + 润肺止咳
百合蜜枣瘦肉汤

原料

猪腿肉150克，南杏仁15克，干百合15克，蜜枣2颗，陈皮1片，老姜片15克，葱白20克，盐2.5克，鸡精2.5克，绍兴酒5克，水、食用油各适量。

做法

① 南杏仁、干百合洗净，泡水约8小时后沥干；猪腿肉剁小块，汆烫洗净；老姜片、葱白用牙签串起；陈皮泡水至软，削去白膜；蜜枣洗净备用。

② 取一不锈钢锅，放入做法①的所有材料，再加入食用油、水及绍兴酒。

③ 盖上锅盖，大火煮沸后转小火煲1小时，捞出老姜片、葱白，加盐、鸡精调味即可。

适宜人群

本品适宜有呼吸系统疾病患者，以及阴虚不足、头晕、贫血、燥咳无痰者食用。

健脾益气 + 补益肾气

茯苓核桃仁猪肉汤

原料

猪瘦肉400克，核桃仁50克，茯苓10克，盐5克，鸡精3克，水适量。

做法

① 猪瘦肉洗净，切块；茯苓洗净，待润透后切块；核桃仁洗净备用。

② 锅中加水煮沸，放入猪瘦肉块、茯苓块、核桃仁，大火再次将水煮沸，转小火煲。

③ 至核桃仁变软，加入盐和鸡精调味即可。

适宜人群

本品适宜便秘、记忆力衰退、脾虚食欲不振、食积腹胀、皮肤粗糙暗黄者食用。

清热解毒 + 健脾渗湿

茯苓菊花猪肉汤

原料

猪瘦肉400克，茯苓25克，菊花、白芝麻、盐各5克，鸡精3克，水适量。

做法

① 猪瘦肉洗净，切块，汆水；茯苓洗净，切片；菊花洗净。

② 将猪瘦肉块、茯苓片、菊花放入炖锅，加水，炖2小时，调入盐和鸡精，撒上白芝麻关火，加盖闷一下即可。

适宜人群

本品适宜水肿、体质虚弱、贫血者及更年期综合征等患者食用。

补气安神 + 养血补虚

灵芝红枣猪肉汤

原料

猪瘦肉300克，灵芝10克，玉竹8克，红枣4颗，盐、水各适量。

做法

❶ 将猪瘦肉洗净，切片；灵芝、玉竹、红枣洗净，灵芝切小块备用。

❷ 净锅上火，倒入水，下猪瘦肉片，待水煮沸，撇去浮沫，下灵芝块、玉竹、红枣煲熟，加盐调味即可。

适宜人群

本品适宜虚劳短气、神疲乏力、肺虚咳喘、失眠心悸、消化不良、体虚易感冒、气血津液不足者食用。

益气滋阴 + 养心安神

灵芝石斛鱼胶猪肉汤

原料

猪瘦肉300克，灵芝、石斛、鱼胶、枸杞子、水各适量，盐6克，鸡精5克。

做法

❶ 猪瘦肉洗净，切块，汆水；灵芝、鱼胶、枸杞子洗净，浸泡；石斛洗净。

❷ 将做法❶的材料放入锅中，加水，小火煲。

❸ 煲至鱼胶变软散开后，调入盐和鸡精即可。

适宜人群

本品适宜心律失常、失眠多梦者，肺结核患者，贫血者，更年期女性，阴虚发热、心烦易怒者，胃阴不足所致的舌红少苔、口渴咽干、呕逆少食、胃脘隐痛者，糖尿病患者，以及体质虚弱者食用。

石斛
养阴清热、益胃生津

猪骨

【强筋健骨，补中益气】

人们经常食用的是排骨和腿骨。猪骨煮汤食用，能壮腰膝、益力气、补虚弱、强筋骨。儿童经常喝骨头汤，有助于骨骼的生长发育。

营养成分
（以100克猪小排为例）

热量	1222千焦
脂肪	25.3克
蛋白质	16.8克
钠	62.6毫克
磷	101毫克
钙	14毫克

煲汤适用量：50~500克。

适合体质
阴虚体质。

生产地
全国分布比较广泛，各地均有产出。

性味归经
性平，味甘、咸；归脾、胃经。

选购与保存

购买猪骨时，可以从骨头断口处看骨髓的颜色，骨髓颜色粉红，证明放血干净；骨髓颜色暗红，证明放血不干净或是病猪。

用浸过醋的湿布将猪骨包起来，可保鲜一昼夜；将猪骨煮熟放入刚熬过的猪油里，可保存较长时间。将鲜猪骨切块，骨面涂上蜂蜜，用线串起挂在通风处，存放一段时间，肉味更加鲜美。

煲汤好搭档

猪骨 + 黄豆		健脾益气
猪骨 + 山药		健脾胃
猪骨 + 玉米		强筋健骨

《**本草纲目**》：（颊骨）煎汁服，解丹药毒。

小贴士

若脾胃虚寒、消化功能欠佳之人食用猪骨，会出现胃肠饱胀或腹泻，在猪骨汤中加入姜或胡椒可避免此状况。猪骨煅炭研粉则性温，有止泻健脾的作用。

猪骨在烹调前不宜用热水清洗，若猪骨用热水洗，会流失大量营养，且会影响口感。炖猪骨汤时，冷水下锅，可以使骨头中的营养物质充分析出。

炖猪骨汤时加少许醋，可使骨头中的磷、钙充分溶解于汤中，并可充分保留汤中的维生素。

补肺定喘 + 补虚抗癌

虫草香菇排骨汤

原料

冬虫夏草5个，排骨300克，香菇50克，红枣、盐、鸡精、水各适量。

做法

❶ 排骨洗净，斩块；香菇泡发，洗净撕片；冬虫夏草、红枣均洗净。

❷ 排骨块汆水，捞出洗净后，和红枣、冬虫夏草一起放入瓦煲内，注入水，大火煮沸后放入香菇片，转小火煲2小时，加盐、鸡精调味即可。

适宜人群

本品适宜肺虚咳嗽气喘、气虚神疲乏力者，以及更年期综合征、卵巢早衰患者食用。

凉血止血 + 活血化瘀

丹参槐米排骨汤

原料

丹参20克，槐米8克，赤芍6克，排骨200克，盐6克，鸡精3克，水适量。

做法

❶ 将丹参、槐米、赤芍分别洗净，装入纱布袋，扎紧备用；将排骨洗净，切块，汆去血水备用。

❷ 将纱布袋和排骨块一同放入锅内，加水煮沸后改小火煲。

❸ 煲至排骨块熟烂，捞出纱布袋丢弃，加盐、鸡精调味即可。

适宜人群

本品适宜各种血热出血性病症患者（便血、尿血、月经过多、崩漏、胃出血等患者），直肠癌及痔疮患者食用。

健脾益气 + 延缓衰老

山药胡萝卜排骨汤

原料

山药100克，排骨250克，胡萝卜1根，姜片、盐各5克，味精3克，油、葱花、水各适量。

做法

❶ 排骨洗净，斩成块；胡萝卜、山药均洗净，去皮，切成小块。

❷ 锅中加油烧热，下姜片爆香后，加入排骨块炒干水分。

❸ 将排骨块、胡萝卜块、山药块一起放入煲内，加水，大火煲40分钟，加盐、味精调味，最后撒上葱花即可。

适宜人群

本品适宜肺虚喘咳、肾虚遗精、带下、尿频、虚热消渴者食用。

止咳平喘 + 润肺利咽

杏仁无花果排骨汤

原料

排骨200克，扁桃仁、杏仁各10克，盐3克，鸡精4克，无花果、姜片、水各适量。

做法

❶ 排骨洗净，斩块，氽去血水；扁桃仁、杏仁、无花果均洗净。

❷ 砂煲内注水烧开，放入排骨块、扁桃仁、杏仁、无花果、姜片，用大火煮沸后转小火煲2小时，加盐、鸡精调味即可。

适宜人群

本品适宜咳嗽咳痰者（肺炎、肺气肿、肺癌等患者），咽喉干燥者，便秘患者，胃癌、肠癌患者食用。

杏仁
止咳平喘、润肠通便

发散风寒 + 宣通鼻窍

细辛排骨汤

原料

细辛3克，苍耳子、辛夷各10克，排骨300克，水、盐各适量。

做法

❶ 将细辛、苍耳子（细辛及苍耳子有小毒，不宜长期服用）、辛夷分别洗净，放入锅中，加水煎煮20分钟。

❷ 排骨洗净，切块，氽水，捞起放入砂锅中，加水，大火煮沸后用小火煲2小时，再倒入药锅中的药材和药汁，煮沸后加盐调味即可。

适宜人群

本品适宜鼻炎、鼻窦炎患者，以及风寒感冒引起的头痛、鼻塞、流涕者食用。

强身益肾 + 健脾益胃
土豆排骨汤

原料

排骨500克，土豆、西红柿各200克，盐、鸡精、水各适量。

做法

❶ 排骨洗净，剁块；土豆去皮，洗净，切块。

❷ 将排骨块放入碗中，撒上盐拌匀腌渍。

❸ 西红柿洗净，切块，倒入炒锅，放少许油炒熟后出锅。

❹ 将排骨块、土豆块和西红柿块放入电饭煲，加水调至煲汤挡，煮好后加盐和鸡精调味即可。

适宜人群

本品适宜消化不良、习惯性便秘、神疲乏力、慢性胃痛、关节疼痛、皮肤湿疹者食用。

土豆
健脾和胃、预防高血压

补肾健脾 + 益气强精
黄精骶骨汤

原料

肉苁蓉、黄精各10克，白果粉15克，猪尾骶骨1副，胡萝卜1根，盐5克，水适量。

做法

❶ 猪尾骶骨洗净，放入沸水中汆去血水，切块备用；胡萝卜冲洗干净，削皮，切块备用；肉苁蓉、黄精洗净备用。

❷ 将肉苁蓉、黄精、猪尾骶骨块、胡萝卜块一起放入锅中，加水至盖过所有材料。

❸ 大火煮沸，再转用小火煲30分钟，加入白果粉再煮5分钟，加盐调味即可。

适宜人群

本品适宜肾虚遗精、阳虚肠燥便秘、腰膝酸痛、耳鸣目花者食用。

猪杂

【利尿，消炎，解毒】

猪杂包括猪心、猪肝、猪肺、猪舌、猪肠、猪腰、猪膈等。猪心补虚、安神定惊、养心补血；猪肺止咳、补虚、补肺；猪腰益肾气、通膀胱、消积滞、止消渴；猪舌滋阴润燥。

营养成分（以100克猪肝为例）

蛋白质	19.2克
脂肪	4.7克
磷	243毫克
铁	23.2毫克
钙	6毫克
锌	3.68毫克

煲汤适用量：100~500克。

别名

猪下水。

生产地

全国分布比较广泛，各地均有产出。

选购技巧

猪肝挑选"四看"：

（1）看颜色和气味：新鲜猪肝呈均匀的紫红色，无异味；不新鲜的猪肝色泽暗淡，有异味。

（2）看光泽度：新鲜的猪肝表面有光泽；不新鲜的猪肝无光泽。

（3）看弹性：新鲜的猪肝用手轻压表面弹性足；不新鲜的猪肝起皱萎缩。

（4）看水泡：新鲜的猪肝表面和切面均无水泡；不新鲜的猪肝会有水泡产生。

煲汤好搭档

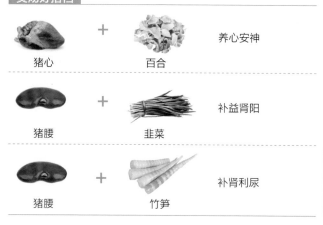

猪心	+	百合	养心安神
猪腰	+	韭菜	补益肾阳
猪腰	+	竹笋	补肾利尿

《本草拾遗》：肝，主脚气。空心，切作生，以姜醋进之，当微泄。若先病，即勿服。

《本草图经》：心，主血不足，补虚劣。

小贴士

刚买回来的新鲜猪肝应先以流水冲洗10分钟，然后放在水中浸泡30分钟才能做菜食用。清洗猪肝时，要把猪肝里的血管剔除干净，血污也要清洗干净，这样能减轻异味。

清洗猪肠时，加玉米面内外反复搓洗，然后用清水冲洗干净，即可用于烹调。

将猪腰切片，用葱姜汁泡约2小时，然后用清水浸泡（中间要换两次清水），泡至猪腰片发白膨胀，即可去除骚味。

補气益血 + 养心安神

参归猪心汤

原料

猪心1颗，姜丝20克，人参8克，当归3克，枸杞子3克，水400毫升，盐7克，米酒80毫升。

做法

❶ 猪心切掉血管头后对剖，用清水将血块清洗干净，切成厚约0.5厘米的片。

❷ 煮一锅水，水沸后将猪心片下锅汆烫约20秒后捞出，用冷水洗净，沥干备用。

❸ 将猪心片放入炖锅，加入水、米酒、姜丝、人参、当归及枸杞子，盖上锅盖，用大火炖30分钟后转小火炖1小时，最后加盐调味即可。

适宜人群

本品适宜体虚者，以及心跳、心悸患者食用。

清热解毒 + 润肺止咳

甘草猪肺汤

原料

熟猪肺200克，甘草、百合各10克，雪梨1个，盐6克，白糖、辣椒圈、欧芹末、盐各适量。

做法

❶ 熟猪肺洗净，切片；甘草、百合洗净；雪梨洗净，去核，切丝。

❷ 锅置火上，加水后调入盐、白糖，大火煮沸，下猪肺片、甘草、雪梨丝、百合煮沸后，转小火煲1小时，最后撒上辣椒圈和欧芹末即可。

适宜人群

本品适宜肺热咳嗽、咳吐黄痰者(肺炎、百日咳、支气管炎、肺脓肿患者)，或肺阴虚干咳者(肺结核、肺癌、慢性咽炎患者)食用。

养心安神 + 健脾止泻

莲子猪肚汤

原料

猪肚1个，莲子50克，姜片15克，盐、水淀粉、水各适量。

做法

❶ 莲子洗净泡发，去莲子心；猪肚用水淀粉和盐反复揉搓，洗净。

❷ 把猪肚用开水煮5分钟，去掉里面的白膜，切丝；将猪肚丝、莲子、姜片一同放入锅内，加水煮开，撇去锅中的浮沫。

❸ 转小火继续煲2小时，加盐调味即可。

适宜人群

本品适宜心烦失眠、脾虚久泻、大便溏泄、久痢腰痛者食用。

五畜靓汤

清肝明目 + 润肠通便
决明海带大肠汤

原料

猪大肠200克，海带75克，小油菜1棵，决明子10克，豆腐50克，盐、高汤、枸杞子各适量。

做法

① 将猪大肠翻转过来用盐反复搓洗，清洗干净内壁，切块，汆水；海带洗净，切块；豆腐洗净，切块；小油菜单叶洗净。

② 净锅上火，倒入高汤，下猪大肠块、海带块、决明子、豆腐块、枸杞子和小油菜，调入盐煲至熟即可。

适宜人群

本品适宜脾胃燥热或湿热或肝火旺盛引起的口臭、口舌生疮、习惯性便秘、小便黄赤、两目干涩疼痛者，以及结肠癌、直肠癌患者食用。

补肾壮阳 + 安胎止泻
肉豆蔻补骨脂猪腰汤

原料

肉豆蔻、补骨脂各9克，猪腰100克，葱花、枸杞子、姜、水、盐各适量。

做法

① 猪腰洗净，切开，除去白色筋膜；肉豆蔻、补骨脂、枸杞子洗净；姜洗净，去皮，切片。

② 猪腰汆去血水，倒出洗净。

③ 用瓦煲装水，大火煮沸后，放入做法①和做法②的所有食材，小火煲2小时，加盐调味，最后撒上葱花即可。

适宜人群

本品适宜肾阳亏虚引起的阳痿、早泄、遗精、腰膝酸软、形寒肢冷、胎动不安者，以及虚寒腹泻者食用。

重镇安神 + 养心助眠
远志菖蒲猪心汤

原料

猪心300克，胡萝卜1根，远志9克，菖蒲15克，盐2克，水4碗，葱适量。

做法

① 将远志、菖蒲装在棉布袋内做成药袋。

② 猪心洗净，汆水，切片；葱洗净，切段；胡萝卜洗净，削皮，切片。

③ 胡萝卜片与药袋一起下锅，加水，中火煮至剩3碗水，加猪心片，煮沸，下葱段、盐调味即可。

适宜人群

本品适宜神经官能症、心悸、失眠、健忘、高热惊厥、神昏、癫狂、耳鸣耳聋者食用。

清热利湿 + 利尿消肿

木瓜车前草猪腰汤

原料

猪腰300克，木瓜200克，车前草、茯苓各10克，味精、盐、辣椒片、米醋、花生油、水各适量。

做法

❶ 将猪腰洗净，切片，氽水；车前草、茯苓洗净；木瓜洗净，去皮，去籽，切块。

❷ 净锅上火，倒入花生油，加水，大火煮沸后调入盐、味精、米醋，放入猪腰片、木瓜块、车前草、茯苓，转小火煲熟，撒上辣椒片即可。

适宜人群

本品适宜湿热下注、水肿胀满者，以及急慢性肾炎、尿路感染、慢性肝炎、高血压患者食用。

清热润肺 + 止咳化痰

罗汉果杏仁猪肺汤

原料

猪肺100克，杏仁、罗汉果、水各适量，姜片5克，盐3克。

做法

❶ 猪肺洗净，切块；杏仁、罗汉果均洗净。

❷ 锅里加水烧开，将猪肺块放入氽尽血渍，捞出洗净。

❸ 把姜片放入砂锅，注入适量清水烧开，放入杏仁、罗汉果、猪肺块，大火煮沸后转小火煲3小时，加盐调味即可。

适宜人群

本品适宜肺热咳嗽咳痰、肺阴虚干咳咯血、咽喉干燥者食用。

清热解毒 + 利湿止泻

马齿苋木耳猪肠汤

原料

猪大肠300克，鲜马齿苋200克，干木耳20克，枸杞子、盐、薄荷叶、水各适量。

做法

❶ 猪大肠洗净，切段；鲜马齿苋、枸杞子均洗净；干木耳泡发，洗净。

❷ 锅注水烧开，下猪大肠段氽透。

❸ 将猪大肠段、枸杞子、鲜马齿苋、木耳一起放入炖盅，注入清水，大火煮沸后转小火炖2.5小时，加盐调味，放上薄荷叶作为装饰即可。

适宜人群

本品适宜湿热痢疾、急性腹泻、肠炎、便血、痔疮、肛周脓肿、尿路感染患者食用。

五畜靓汤

槐米猪肠汤

原料

猪肠100克，三七15克，槐米10克，蜜枣20克，盐、姜、水各适量。

做法

❶ 猪肠洗净，切段后加盐抓洗，用清水冲净；三七、槐米、蜜枣均洗净备用；姜洗净，去皮，切片。

❷ 将猪肠段、蜜枣、三七、姜片放入瓦煲内，再倒入适量清水，大火煮沸，转小火煲20分钟。

❸ 下槐米煮3分钟，加盐调味即可。

适宜人群

本品适宜痔疮、肠癌及功能性子宫出血患者食用。

清热排脓 + 润肺止咳

蒲公英霸王花猪肺汤

原料

蒲公英15克，猪肺200克，霸王花、蜜枣、盐、杏仁、水各适量，生抽4毫升。

做法

❶ 将霸王花、杏仁洗净；蜜枣洗净，泡发；猪肺洗净，切块，氽水；蒲公英洗净，煎取药汁。

❷ 将猪肺块、蜜枣放入炖盅，注水，大火煮沸，放入霸王花、杏仁，倒入药汁，改小火炖2小时，加盐、生抽调味即可。

适宜人群

本品适宜肺热咳嗽、咳吐黄痰或脓痰者，以及急性乳腺炎、腮腺炎、肠燥便秘、肛周脓肿的患者食用。

益气补血 + 养心安神

太子参龙眼猪心汤

原料

龙眼肉20克，太子参10克，红枣6颗，猪心半颗，盐3克，水3碗。

做法

❶ 猪心洗净，挤去血水，氽烫后切片；太子参洗净，切段。

❷ 将龙眼肉、太子参段、红枣盛入锅中，加水以大火煮沸，转小火煲20分钟，再转中火将水煮沸，放入猪心片，待水沸腾，加盐调味即可。

适宜人群

本品适宜心律失常、失眠多梦、神经衰弱、更年期综合征、自汗盗汗、脾虚食少、贫血者食用。

补中益气 + 明目养血
党参枸杞子猪肝汤

原料

党参、枸杞子各15克，猪肝200克，盐、欧芹末、水各适量。

做法

❶ 将猪肝洗净，切片，余水后备用。

❷ 将党参、枸杞子用温水洗净。

❸ 净锅上火倒入水，将猪肝片、党参、枸杞子一同放进锅里煲熟，加盐调味，撒上欧芹末即可。

适宜人群

本品适宜体质虚弱、气血不足、面色萎黄、病后或产后体虚、脾胃气虚、神疲倦怠、四肢乏力、食少便溏、慢性腹泻、肺气不足者食用。

清热利湿 + 清泻肝火
鸡骨草夏枯草猪胰汤

原料

鸡骨草30克，夏枯草20克，猪胰1条，盐1克，姜、水各适量。

做法

❶ 猪胰刮洗干净，切块，余水；鸡骨草、夏枯草洗干净；姜洗净，去皮，切片。

❷ 瓦煲内加水，烧开后加入做法❶的食材，煲2小时后调入盐即可。

适宜人群

本品适宜甲状腺功能亢进、淋巴结结核、乳腺炎、乳腺癌、尿路感染患者，以及目赤痒痛、畏光流泪、头目眩晕、口眼歪斜、筋骨疼痛者食用。

补肾助阳 + 温中止泻
补骨脂肉豆蔻猪肚汤

原料

猪肚300克，补骨脂、肉豆蔻、莲子各10克，胡椒、姜、葱、盐、味精各适量。

做法

❶ 猪肚洗净，切片；葱洗净，切末；姜去皮，切片；莲子洗净，去心，泡发；补骨脂、肉豆蔻洗净，煎汁备用。

❷ 猪肚片煮至八成熟捞出。

❸ 煲盅放入猪肚片、莲子、胡椒、姜片，加入药汁煲至猪肚熟烂，调入盐、味精，撒上葱花即可。

适宜人群

本品适宜肾阳不足所致的腰膝冷痛、阳痿遗精、尿频、遗尿者，肾阳亏虚型胎动不安者，以及脾肾两虚所致的大便久泻者食用。

清热利尿 + 健脾止泻
鲜车前草猪肚汤

原料

鲜车前草30克，猪肚300克，薏米、红豆各20克，蜜枣10颗，盐、淀粉、水各适量。

做法

❶ 将鲜车前草、薏米、红豆均洗净；猪肚翻过来，用盐、淀粉反复搓洗，冲净。

❷ 猪肚入沸水余至收缩，捞出切片。

❸ 砂煲内加水，煮沸后加入除盐外的所有食材，小火煲2小时，加盐调味即可。

适宜人群

本品适宜湿热下注型腹泻、尿路感染患者及肝经湿热引起的目赤肿痛、口舌生疮、小便黄赤患者食用。

温中化湿 + 益气补虚
砂仁黄芪猪肚汤

原料

猪肚200克，银耳50克，黄芪8克，砂仁6克，黑枣5颗，盐、水各适量。

做法

❶ 银耳以冷水泡发，去蒂，撕小块；黄芪、砂仁、黑枣洗净备用。

❷ 猪肚刷洗干净，余水，切片。

❸ 将猪肚片、银耳、黄芪、砂仁、黑枣放入瓦煲，加水，大火煮沸后再以小火煲2小时，加盐调味即可。

适宜人群

本品适宜脾胃气虚者、恶心呕吐、厌油腻、便溏腹泻者，神疲乏力、困倦者，内脏下垂者，脾虚湿盛引起的妊娠胎动不安者及妊娠呕吐者食用。

益心健脾 + 补血安神
龙眼当归猪腰汤

原料

鲜猪腰300克，当归、龙眼肉各20克，红枣5颗，盐、姜片、水各适量。

做法

❶ 将当归、龙眼肉、红枣冲洗净；鲜猪腰去腰臊，洗净，切条备用。

❷ 净锅上火倒入清水，下姜片、当归煮沸，下龙眼肉、猪腰条、红枣后再次煮沸，撇去浮沫，小火煲2小时，加盐调味即可。

适宜人群

本品适宜虚劳羸弱、失眠、健忘、惊悸、怔忡者食用。

健脾益胃 + 益气补虚
无花果猪肚汤

原料

无花果5克，猪肚200克，蜜枣10颗，姜10克，胡椒、盐、鸡精、醋、水各适量。

做法

❶ 猪肚加盐、醋反复擦洗，冲净，氽水后切片；无花果、蜜枣洗净；胡椒稍研碎；姜洗净，去皮，切片备用。

❷ 将猪肚片、无花果、蜜枣、姜片放入砂煲中，加水，大火煮沸后改小火煲2小时，煲至猪肚片软烂后调入胡椒末、盐、鸡精煮沸即可。

适宜人群

本品适宜脾胃虚弱所致的饮食不香、消化不良者，慢性姜缩性胃炎、胃癌的患者，以及妊娠胎动不安者食用。

无花果
健胃清肠、消肿解毒

健脾止泻 + 补肾固精
白果覆盆子猪肚汤

原料

猪肚150克，姜片、葱各5克，白果、覆盆子、盐、水各适量。

做法

❶ 猪肚洗净，切段，加盐涂擦后冲净；白果洗净，去壳；覆盆子洗净；葱洗净，切段。

❷ 将猪肚段、白果、覆盆子、姜片放入瓦煲内，加水以大火烧开，转小火煲2小时。

❸ 加盐调味，起锅后撒上葱段即可。

适宜人群

本品适宜虚寒腹泻、肾虚早泄、遗精者，白带黏稠、量多、有鱼腥味的女性，遗尿的儿童，夜尿频多、脾胃虚寒、食欲不振的老人食用。

补肾益精 + 健运脾胃
猪肠核桃仁汤

原料

猪大肠200克，核桃仁60克，熟地黄30克，红枣10颗，姜丝、葱末、料酒、盐、水各适量。

做法

❶ 猪大肠漂洗干净，氽水切块；核桃仁捣碎；熟地黄、红枣洗净。

❷ 锅内加水，放入所有原料，小火煲2小时即成。

适宜人群

本品适宜腰腿酸软、筋骨疼痛、牙齿松动、须发早白、虚劳咳嗽、小便清冷、月经和白带过多者食用。

五畜靓汤

疏肝理气 + 活血止痛

佛手延胡索猪肝汤

原料

佛手10克，延胡索9克，制香附8克，猪肝100克，盐、姜丝、葱花、水各适量。

做法

❶ 佛手洗净，切片；延胡索、制香附洗净。

❷ 将佛手片、延胡索、制香附放入锅内，加水煮沸，转小火煮15分钟左右。

❸ 加入洗净切好的猪肝片，放适量盐、姜丝、葱花，熟后即可食用。

适宜人群

本品适宜胸胁胀痛、胸痹心痛、肝区疼痛、乳腺增生、乳腺纤维瘤、痛经、经闭、产后瘀血腹痛患者食用。

猪肝

补肝、明目、养血

补血养心 + 安神助眠

双仁菠菜猪肝汤

原料

猪肝200克，菠菜150克，酸枣仁、柏子仁各10克，盐6克，水适量。

做法

❶ 将酸枣仁、柏子仁装在纱布袋内，扎紧；猪肝洗净，切片；菠菜去根，洗净，切段。

❷ 将纱布袋放入锅中，加水熬成汤。

❸ 猪肝片氽烫捞起，和菠菜段一起加入汤中，烧滚后加盐即可。

适宜人群

本品适宜更年期女性，失眠多梦、健忘、视力下降、心律失常、虚热烦渴者食用。

菠菜

润肠通便、养血补血

疏肝解郁 + 补血养肝

合欢佛手猪肝汤

原料

合欢皮12克，佛手片10克，猪肝150克，姜10克，黑豆5克，盐、蒜末、葱段、味精、水各适量。

做法

① 猪肝洗净,切片；姜洗净，切丝；黑豆、合欢皮洗净。

② 将合欢皮、黑豆、佛手片置于砂锅中，加水煎煮，煮20分钟。

③ 将猪肝片用姜丝、味精、盐、蒜末略腌片刻，放入锅中与药汁一起煮熟，加葱段即可。

适宜人群

本品适宜抑郁症、肝炎、肝硬化、乳腺增生患者、贫血、食积腹胀、消化不良、胸闷不舒患者，以及更年期女性食用。

黑豆
补肾消肿、利尿明目

敛肺止汗 + 祛风除湿

猪肝五味子五加皮汤

原料

猪肝180克，五加皮、五味子各15克，红枣2颗，姜、盐、鸡精、水各适量。

做法

① 猪肝洗净，切片，氽去血水；姜洗净，去皮，切片；五味子、五加皮、红枣洗净。

② 炖盅装水，分别放入猪肝片、五味子、五加皮、红枣、姜片，炖3小时，调入盐、鸡精即可。

适宜人群

本品适宜卫表不固所致的自汗盗汗者，夜盲症、白内障等眼病患者，风湿性关节炎患者，贫血者，体虚经常感冒者食用。

五味子
敛肺止汗、补肾固精

猪蹄

【补气血，润肌肤】

猪蹄又叫猪脚、猪手，含有胶原蛋白质，脂肪含量也比肥肉低，它能增强皮肤弹性和韧性，对延缓衰老和促进儿童成长发育具有重要意义。爱美的女性可多食用猪蹄。

营养成分（以100克为例）

热量	1080千焦
蛋白质	22.6克
脂肪	18.8克
钾	54毫克
钙	33毫克
维生素A	3微克

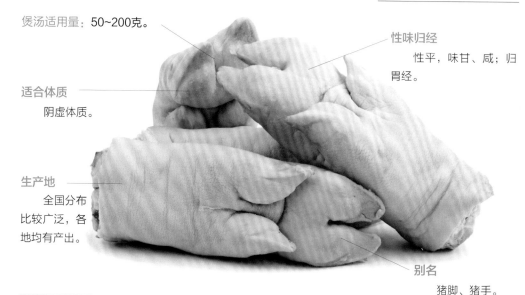

煲汤适用量：50~200克。

性味归经
性平，味甘、咸；归胃经。

适合体质
阴虚体质。

生产地
全国分布比较广泛，各地均有产出。

别名
猪脚、猪手。

选购与保存

选购猪蹄时，要选择色泽呈肉色、没有特殊气味者。颜色发暗、有腐败气味的猪蹄，一般放置时间较长，食用后不利于身体健康，尽量不要选择。

新购买的猪蹄一般有毛，不容易剔除，可以烧开热水，将猪蹄浸泡一段时间再除毛，这样很容易去掉上面的猪毛，并且有利于猪蹄的清洗。

猪蹄最好现吃现买，如果一次吃不完，可以将生猪蹄放在冰箱的冷冻层，需要食用时再解冻烹调。

《本草纲目》：煮清汁，洗痈疽，渍热毒，消毒气，去恶肉，有效。

煲汤好搭档

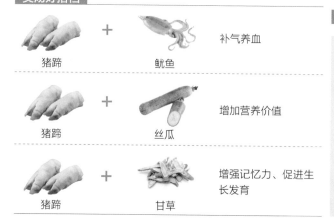

猪蹄	+ 鱿鱼	补气养血
猪蹄	+ 丝瓜	增加营养价值
猪蹄	+ 甘草	增强记忆力、促进生长发育

小贴士

猪蹄富含大分子胶原蛋白质，对皮肤具有特殊的营养作用，有助于皮肤细胞吸收和储存水分，使其饱满润滑，是一种廉价且常见的美容食品。

传统中医认为，猪蹄对下乳有较好的功效，在民间的应用极其普遍。主要适宜产后气血不足、乳汁缺乏的产妇食用。

通络下乳 + 强筋壮骨

猪蹄牛膝汤

原料

　　猪蹄1只，牛膝15克，西红柿1个，姜、盐各3克，水适量。

做法

　　❶ 猪蹄洗净，剁块，氽水；姜洗净，切片。

　　❷ 西红柿洗净，在表皮轻划数刀，放入沸水烫到皮翻开，捞起去皮，切块；牛膝洗净。

　　❸ 将做法❶和做法❷的材料一起放入汤锅中，加水，以大火煮沸后转小火煲1小时，加盐调味即可。

适宜人群

　　本品适宜产后缺乳者，筋骨无力、下肢痿软者，皮肤粗糙暗沉、面生皱纹者，体质虚弱者，风湿性关节炎患者，以及产妇食用。

养心安神 + 健脾补虚

柏子仁猪蹄汤

原料

　　柏子仁、葵花子仁、火麻仁各适量，猪蹄200克，盐、水各适量。

做法

　　❶ 猪蹄洗净，剁块；火麻仁、柏子仁均洗净。

　　❷ 锅置火上，倒入清水，下猪蹄块氽至熟，捞出洗净。

　　❸ 砂锅注水烧开，放入猪蹄块、柏子仁、葵花子仁、火麻仁，用大火煮沸，转小火煲3小时，加盐调味即可。

适宜人群

　　本品适宜肠燥便秘、失眠多梦、心悸、忧郁、焦虑、遗精盗汗、食欲不振者，以及阿尔茨海默病患者食用。

柏子仁
养心安神、润肠通便

补气养血 + 强壮筋骨

归芪猪蹄汤

原料

猪蹄1只，当归10克，黄芪15克，黑枣5颗，盐5克，味精3克，水适量。

做法

❶ 猪蹄洗净，斩块，入沸水汆去血水。

❷ 当归、黄芪、黑枣洗净。

❸ 将做法❶和做法❷的原料放入清水锅，大火煮沸后改小火煲3小时，加盐、味精调味即可。

适宜人群

本品适宜血虚、年老体弱、产后缺乳、腰脚软弱无力、痈疽疮毒久溃不敛者食用。

丰胸通乳 + 滋阴润肤

木瓜猪蹄汤

原料

猪蹄200克，木瓜1个，通草6克，姜10克，盐6克，味精3克，水适量。

做法

❶ 木瓜剖开，去籽，去皮，切小块；姜洗净，切片备用。

❷ 猪蹄处理干净，切小块，汆去血水。

❸ 将猪蹄块、木瓜块、通草、姜片装入煲内，加水煲至熟烂，加入盐、味精调味即可。

适宜人群

本品适宜产后乳汁不通、青春期乳房发育不良、皮肤粗糙暗黄、气血亏虚及便秘者食用。

木瓜

舒筋活络、和胃化湿

补血美容＋补肾益气

板栗龙眼猪蹄汤

原料

新鲜板栗200克，龙眼肉30克，猪蹄2只，核桃仁10克，盐4克，水适量。

做法

❶ 新鲜板栗煮5分钟，剥壳，洗净沥干。

❷ 猪蹄洗净，斩块，汆水。

❸ 将板栗、猪蹄块、核桃仁放入炖锅中，加水淹过材料，以大火煮沸，转小火炖70分钟。

❹ 龙眼肉剥散，入锅中继续炖5分钟，加盐调味即可。

适宜人群

本品适宜爱美女士，以及产后乳汁不下、青春期乳房发育不良、失眠、皮肤干燥粗糙暗黄、肾气虚、贫血、营养不良、便秘者食用。

通络下乳＋活血化瘀

菊叶三七猪蹄汤

原料

菊叶、三七各20克，当归10克，大枣5颗，王不留行8克，猪蹄200克，盐、水各适量。

做法

❶ 将猪蹄处理干净，在沸水中煮2分钟捞出，过凉水后斩块。

❷ 菊花、三七、当归、大枣、王不留行洗净备用。

❸ 将做法❶和做法❷的材料放入锅内，加水没过所有材料，大火煮沸，转小火煲2.5~3小时，待猪蹄块熟烂后加盐调味即可。

适宜人群

本品适宜产后缺乳、乳腺炎、乳腺增生、乳房肿痛、月经不调及痛经者食用。

五畜靓汤

65

美容养颜 + 增强记忆力

花生猪蹄汤

原料

猪蹄1500克，花生100克，当归1片，红枣8颗，姜片10克，米酒100毫升，盐5克，水适量。

做法

❶ 猪蹄洗净，切块，入沸水氽烫10分钟，捞起洗净，沥干；红枣洗净备用。

❷ 花生泡水5~6小时，洗净后，放入沸水中氽烫3分钟，捞起沥干备用。

❸ 将猪蹄块、花生、当归、红枣、姜片、米酒放入砂锅，加水，大火烧开后转小火，煲至猪蹄块软烂后加盐调味，然后焖10分钟即可。

适宜人群

本品适宜暑热烦渴、湿热泄泻、水肿腹胀者食用。

健脾养胃 + 润肤养颜

酒香猪蹄汤

原料

猪蹄1200克，葱段50克，姜片40克，红辣椒2根，米酒300毫升，蚝油75毫升，水适量。

做法

❶ 猪蹄洗净，切块，氽烫后捞起；红辣椒洗净备用。

❷ 将葱段、姜片及红辣椒放入砂锅，再放入猪蹄块、米酒、蚝油和水。

❸ 锅置火上，大火烧开后转小火，煲至猪蹄块软烂，关火闷20分钟即可。

适宜人群

本品适宜血虚、阴虚的便秘患者，阳虚、血瘀导致痛经、月经延后、经血暗紫、乳腺增生、子宫肌瘤、黄褐斑的女性食用。

美容养颜 + 丰胸下乳

百合猪蹄汤

原料

百合30克，猪蹄1只，葱末、姜片、料酒、盐、味精、水各适量。

做法

① 猪蹄收拾干净，切块；百合洗净。

② 猪蹄块入沸水中氽去血水。

③ 猪蹄块、百合入锅，加水大火煲1小时后，加入葱末、姜片及调味料略煮即可。

适宜人群

本品适宜产后缺乳、乳房发育不良、皮肤粗糙暗沉无华、心悸失眠、神经衰弱、贫血、营养不良者，以及干燥综合征患者食用。

补气养血 + 美容养颜

人参猪蹄汤

原料

猪蹄300克，人参9克，胡萝卜50克，枸杞子、薏米各10克，红枣5颗，姜片4片，盐、水各适量。

做法

① 胡萝卜、猪蹄洗净，切块，氽水；人参、枸杞子、红枣、薏米洗净。

② 锅置于火上，加水，大火煮沸后放入姜片，下猪蹄块、人参、红枣、薏米，转小火煲2小时，再下枸杞子、胡萝卜块，调入盐，煲至熟烂即可。

适宜人群

本品适宜体质虚弱、产后缺乳、气虚难产、气血亏虚者食用。

温经散寒 + 祛瘀止痛

当归猪蹄汤

原料

猪蹄300克，枸杞子、红枣各20克，当归、姜各10克，盐6克，鸡精2克，水适量。

做法

① 猪蹄洗净，切块，氽水；当归洗净，切块；姜洗净，切片；红枣、枸杞子洗净，浸泡。

② 将猪蹄块、当归块、姜片、红枣、枸杞子放入锅中，加水，小火煲2小时。

③ 调入盐、鸡精，稍煮后出锅即可。

适宜人群

本品适宜产后寒凝血瘀所致的腹痛者，阳虚怕冷、四肢冰凉、腰膝冷痛、长冻疮者，小腹冷痛、月经色暗、闭经者，宫寒不孕者，以及早泄阳痿、精冷不育者食用。

祛风止痛 + 活血通络
当归桂枝猪蹄汤

原料

川芎6克，当归15克，桂枝10克，红枣5颗，猪蹄200克，盐、姜、水各适量。

做法

① 当归、川芎、桂枝分别洗净备用；红枣洗净后放入温水中，浸软去核；姜洗净，切片。

② 将猪蹄收拾干净，放入开水锅内稍煮，捞起过冷水，剁块。

③ 将猪蹄块、川芎、当归、桂枝、红枣、姜片放入砂煲内，加水，大火煮沸后转小火煲2小时，加盐调味即可。

适宜人群

本品适宜风湿性关节炎、肩周炎患者，以及产后血瘀腹痛、痛经、闭经、月经色暗稀少者食用。

丰胸下乳 + 益气补血
猪蹄灵芝汤

原料

猪蹄1只，丝瓜200克，灵芝10克，姜片、盐、水各适量。

做法

① 将猪蹄洗净，切块，余水；丝瓜洗净，去皮，切滚刀块；灵芝洗净，浸泡，切块。

② 汤锅里加水，下猪蹄块、姜片、灵芝块，煮至快熟时下丝瓜块，再煮10分钟，加盐调味即可。

适宜人群

本品适宜乳房发育迟缓的青春期女孩，以及产后缺乳、虚劳短气、失眠心悸、不思饮食、贫血、体质虚弱者食用。

羊肉

【健脾温中，补虚壮阳】

羊肉是主要食用肉类之一，也是冬季进补佳品。冬季食用羊肉，有进补和防寒的双重效果。羊肉容易被消化，多吃羊肉还能增强体质，提高抗病能力。

营养成分（以100克为例）

热量	581千焦
蛋白质	18.5克
脂肪	6.5克
钾	300毫克
磷	161毫克
镁	23毫克

煲汤适用量：50~500克。

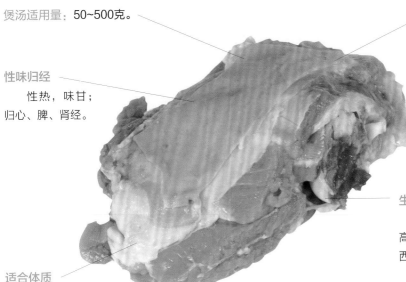

别名

羖肉、膻肉。

性味归经

性热，味甘；

归心、脾、肾经。

生产地

主产于较寒冷的高原地区，如青海、西藏、内蒙古等地。

适合体质

气虚、阳虚体质。

《本草经疏》：谓火畜性热，可以已虚寒；又为血肉，可以补形之不足。

选购技巧

选购羊肉的时候，应选择颜色鲜红的，这样的羊肉比较新鲜。此外，一般羊肉放置3个月以上会呈现白色。另外，羊肉的骨骼越细，肉质越鲜嫩。

煲汤好搭档

 + 　　补肾壮阳

羊肉　　　　海参

　　补肾利尿

羊肉　　　　冬瓜

　　温阳散寒、活血养血

羊肉　　　　当归

小贴士

羊肉有很大的膻味，去除膻味可采用下面的方法：将萝卜块和羊肉一起下锅，半小时后取出萝卜块，如放几块橘子皮效果更佳。

中医认为，羊肉可温补脾胃，对于脾胃虚寒所致的反胃、身体瘦弱、畏寒等症有很好的功效。

羊肉温补肝肾，可用于治疗肾阳虚所致的腰膝酸软、冷痛、阳痿等症。

羊肉含铁量丰富，铁是造血的材料，因此羊肉为补血佳品。可用于改善产后血虚经寒所致的腹冷痛、体寒痛经等症。

五畜靓汤

温中补脾 + 益气补阳

白萝卜羊肉汤

原料

羊肉500克，白萝卜300克，姜、葱各2克，盐、水各适量。

做法

❶ 羊肉洗净，切块；白萝卜洗净，去皮，切块；姜洗净，切片；葱洗净，切段。

❷ 炒锅下羊肉块，倒水煮沸，余水后捞出沥干备用。

❸ 净锅再倒水煮沸，下白萝卜块焯水后沥干。

❹ 羊肉块、白萝卜块、姜片、葱段一同放入电饭煲中，加水调至煲汤挡，煲好后加盐调味即可。

适宜人群

本品适宜虚劳羸瘦、腰膝酸软、产后虚寒腹痛、寒疝、四肢不温者食用。

疏肝和胃 + 升托内脏

柴胡枸杞子羊肉汤

原料

柴胡9克，枸杞子10克，羊肉片、油菜各200克，盐5克，水4碗。

做法

❶ 柴胡洗净，放进煮锅中加4碗水熬汤，熬到约剩3碗汤，去渣留汁。

❷ 油菜洗净，切段；枸杞子洗净。

❸ 将枸杞子放入汤中煮软，羊肉片入锅，并加入油菜段，待羊肉片熟，加盐调味即可。

适宜人群

本品适宜内脏下垂患者（胃下垂、子宫脱垂、脱肛等患者），胃痛、萎缩性胃炎、胃溃疡等患者，月经不调者，肝郁引起的茶饭不思、郁郁寡欢者食用。

柴胡
疏散退热、疏肝解郁

活血补血 + 暖胃祛寒

当归羊排汤

原料

羊排500克，当归25克，姜1段，盐5克，水6碗，白萝卜块、胡萝卜块各适量。

做法

❶ 羊排洗净，切块，汆烫，捞起冲净；姜洗净，微拍裂；当归洗净，切成薄片。

❷ 将羊排块、姜盛入炖锅，加水，以大火煮沸，放入白萝卜块、胡萝卜块转小火煲1小时，然后加入当归片继续煲20分钟，加盐调味即可。

适宜人群

本品适宜畏寒怕冷、腹部冷痛、四肢冰凉、腰膝酸软者食用。

羊排
益气补血、温中暖下

温经祛寒 + 补益肾阳

枸杞子板栗羊肉汤

原料

羊肉150克，枸杞子20克，板栗30克，吴茱萸、桂枝各10克，盐5克，水适量。

做法

❶ 羊肉洗净，切块；板栗去壳，洗净；枸杞子洗净备用。

❷ 吴茱萸、桂枝洗净，煎取药汁备用。

❸ 锅内加水，放入羊肉块、板栗、枸杞子，大火煮沸，转小火煲20分钟，再倒入药汁，继续煲10分钟，加盐调味即可。

适宜人群

本品适宜肝肾不足、小腹冰凉、畏寒怕冷、腰膝冷痛者食用。

羊杂

【滋补五脏，驱除寒冷】

羊杂即羊杂碎，如心、肝、肠、肺及血。羊杂含有多种营养素，深受各地群众的青睐。食用羊杂符合中医营养学中"以脏补脏"的理论，有益精壮阳、健脾和胃之功效。

营养成分（以100克羊肝为例）

热量	563千焦
蛋白质	17.9克
碳水化合物	7.4克
脂肪	3.6克
镁	14毫克
钙	8毫克

煲汤适用量：100~300克。

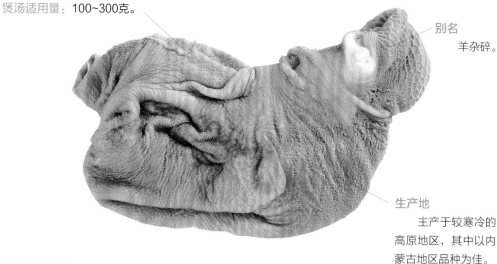

别名

羊杂碎。

生产地

主产于较寒冷的高原地区，其中以内蒙古地区品种为佳。

选购与保存

选购羊肝时，要选择淡红色或者灰色、摸起来自然并富有弹性的；尽量避免选择黑色、干燥的或失去水分的羊肝，这样的羊肝一般放置时间较长或者已经变质，食用后对身体健康不利。羊肝是羊体内最大的毒物中转站和解毒器官，所以买回来的鲜羊肝不要急于烹调，应把羊肝放在自来水龙头下冲洗10分钟，然后放在水中浸泡30分钟。

羊肝最好现买现做，避免放置太长时间；如果一次吃不完，宜放在冰箱内存放，可存放2~3天。

《本草纲目》：补肾虚耳聋阴弱，壮阳益胃，止小便；治虚损盗汗。

煲汤好搭档

羊肝	韭菜	补肾壮阳
羊肝	枸杞子	补肝明目
羊肝	菊花	清热祛火、养肝明目

小贴士

羊肝味甘，性凉，富含营养，经常食用可促进红细胞的生成，具有养血、补肝、明目等功效，可辅助治疗血虚萎黄、青光眼、肝虚目睛、雀目、白内障等症，对维生素A缺乏所致的眼病有特效。

羊肚味甘，性温，有补虚损、健脾胃的功效，可用于辅助治疗不思饮食、消渴、小便频数、盗汗等症。

补气安胎 + 健脾益胃

山药白术羊肚汤

原料

羊肚250克，红枣、枸杞子各15克，山药、白术各10克，盐、鸡精、水各适量。

做法

❶ 羊肚洗净，切块，汆水；山药洗净，去皮，切块；白术洗净，切段；红枣、枸杞子均洗净，浸泡。

❷ 锅中加水煮沸，放入羊肚块、山药块、白术段、红枣、枸杞子，加盖煲。

❸ 煲2小时后调入盐和鸡精即可。

适宜人群

本品适宜气虚胎动不安、内脏下垂、产后或病后体虚、营养不良者，以及小儿疳积、慢性腹泻、贫血患者食用。

羊肚
补虚损、健脾胃

补肾固精 + 强腰壮骨

五味子杜仲羊腰汤

原料

羊腰500克，杜仲15克，五味子6克，葱花、蒜末、油、盐、淀粉、水各适量。

做法

❶ 杜仲、五味子洗净，放入锅中，加水煎药汁。

❷ 羊腰洗净，切小块，用淀粉裹匀。

❸ 热锅烧油，爆炒腰花块，熟后，再放入葱花、蒜末、盐，兑入药汁和水煮至熟透即可。

适宜人群

本品适宜肾虚阳痿、遗精早泄、腰脊疼痛、头晕耳鸣、听力减退、尿频、遗尿、不育者食用。

羊腰
补肾虚、益精髓

第五章

禽及蛋靓汤

"五禽"在古代指鹤、孔雀、鹦鹉、白鹇、鹭鸶五种飞禽，现在多属国家珍稀动物。如今的"五禽"则泛指鸡、鸭、鸽、鹌鹑等禽类，其蛋白质含量丰富，与中药材搭配煲汤食用，滋补效果更佳。

鸡肉

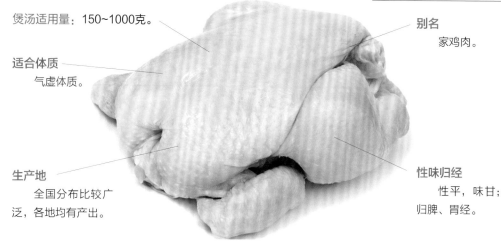

【温中益气，补虚健脾】

"逢九一只鸡，来年好身体"的谚语，是说冬季人体对能量与营养的需求较多，经常吃鸡进行滋补，不仅能更有效地抵御寒冷，而且可以为来年的健康打下坚实的基础。

营养成分（以100克为例）

热量	608千焦
蛋白质	20.3克
脂肪	6.7克
钾	249毫克
磷	166毫克
钙	13毫克

煲汤适用量：150~1000克。

适合体质
气虚体质。

生产地
全国分布比较广泛，各地均有产出。

别名
家鸡肉。

性味归经
性平，味甘；
归脾、胃经。

选购技巧

选购生鸡时，鸡肉以颜色白里透红、看起来有亮度、手感比较光滑者为佳。另外，要注意识别注水鸡，如果发现鸡的翅膀后面有红针点，周围呈黑色，则可能是注水鸡；如果用手掐鸡的皮层，明显感觉打滑，也可能是注水鸡。

煲汤好搭档

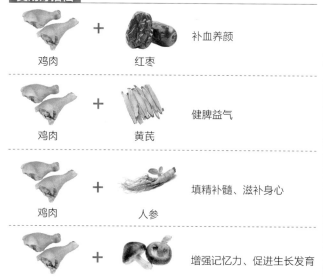

鸡肉 + 红枣　　补血养颜

鸡肉 + 黄芪　　健脾益气

鸡肉 + 人参　　填精补髓、滋补身心

鸡肉 + 香菇　　增强记忆力、促进生长发育

《神农本草经》：丹雄鸡，主女人崩中漏下，赤白沃，补虚，温中，止血，杀毒。

小贴士

鸡肉含有的多种维生素、磷、钙、铁、锌、镁等成分，也是人体生长发育必需的营养成分，对儿童的成长有重要意义。

进补鸡肉时，须注意鸡肉雌雄两性作用有别：雄性鸡肉，其性温，温补作用较强，比较适合阳虚气弱患者食用；雌性鸡肉性平，比较适合产妇、年老体弱者及久病体虚者食用。传统上讲究男用雌鸡、女用雄鸡，以清炖为宜。

补气养血＋健脾补虚

白芍山药鸡汤

原料

鸡肉300克，莲子25克，枸杞子5克，白芍15克，盐、山药、水各适量。

做法

❶ 山药去皮，洗净，切块；莲子、白芍及枸杞子洗净。

❷ 鸡肉切块，余去血水。

❸ 锅中加水，放入山药块、白芍、莲子、鸡肉块；水沸腾后，转中火煮至鸡肉块熟烂，放入枸杞子，加盐调味即可。

适宜人群

本品适宜气血亏虚、神疲乏力者，产后或病后体虚者，脾虚引起的白带清稀、量多者，胃痛患者，以及遗精盗汗者食用。

大补元气＋延年益寿

人参鸡汤

原料

山鸡250克，人参15克，黄芪8克，红枣8颗，姜片5克，盐4克，水适量。

做法

❶ 山鸡处理干净，切块，余水；人参洗净，切片；黄芪、红枣均洗净备用。

❷ 汤锅置于火上，加水，下山鸡块、人参片、姜片、黄芪、红枣，大火煮沸后转小火煲至熟烂，加盐调味即可。

适宜人群

本品适宜大病后体虚欲脱、脾虚食少、肺虚喘咳、久病虚弱、贫血者食用。

禽及蛋靓汤

杜仲寄生鸡汤

原料

炒杜仲30克，桑寄生25克，鸡腿150克，红枣10颗，姜片10克，盐5克，水适量。

做法

❶ 鸡腿洗净，切块，氽水；桑寄生、红枣洗净。

❷ 将鸡腿块、炒杜仲、桑寄生、姜片、红枣放入锅中，加水，大火煮沸后转小火煲40分钟，加盐调味即可。

适宜人群

本品适宜习惯性流产、先兆流产、胎动不安者，肾阳亏虚引起的阳痿早泄、腰脊酸痛、精冷不育、小便冷清、遗尿者，以及风寒湿痹、足膝痿弱、筋骨无力者食用。

养血补虚 + 美容养颜

白芷当归鸡汤

原料

白芷、当归、茯苓各10克，红枣3颗，玉竹、枸杞子各5克，土鸡半只，盐、水各适量。

做法

❶ 将除盐、水外的所有原料洗净。土鸡切块，氽水，洗净。

❷ 另起锅，将除盐外的所有原料一起放入锅中，大火煮沸，转小火煲2小时，最后加盐调味即可。

适宜人群

本品适宜贫血、皮肤暗黄无光泽、气虚乏力、食欲不振、抵抗力差、易感冒、月经不调、产后或病后体虚者食用。

滋阴补虚 + 益气健脾

黄精山药鸡汤

原料

黄精10克，山药200克，红枣8颗，鸡腿1只，鸡爪2只，盐6克，味精、水各适量。

做法

❶ 鸡腿洗净，切块，氽水；鸡爪切掉指甲，洗净；黄精、红枣洗净；山药洗净，去皮，切块。

❷ 将鸡腿块、鸡爪、黄精、红枣放入锅中，加水，大火煮沸，转小火煲20分钟。

❸ 加山药块煮10分钟，加盐、味精调味即可。

适宜人群

本品适宜脾胃虚弱、神疲乏力、食欲不振者，贫血者，产后或病后体虚者，心脑血管疾病患者，以及肺痨咯血者食用。

益智补脑 + 固肾涩精

益智仁鸡汤

原料

鸡翅200克，益智仁、五味子、龙眼肉各10克，枸杞子15克，竹荪5克，香菇2朵，盐、水各适量。

做法

❶ 将除盐、水外的所有材料洗净。香菇划十字；竹荪泡软后切段；益智仁、五味子用纱布包起，扎紧备用。

❷ 锅中加水煮沸，放入纱布袋、鸡翅、枸杞子、龙眼肉、香菇，煮至鸡翅熟烂，放入竹荪段，煮10分钟，加盐调味即可。

适宜人群

本品适宜小便频数、遗尿、遗精、盗汗者食用。

禽及蛋靓汤

滋阴补肾 + 养血补虚

地黄当归鸡汤

原料

熟地黄25克，当归20克，鸡腿1只，白芍10克，水6碗，盐适量。

做法

❶ 鸡腿洗净，切块，放入沸水汆烫，捞起冲净；药材用清水快速冲净。

❷ 将鸡腿块和所有药材放入炖锅中，加水，大火煮沸，转小火炖30分钟。

❸ 起锅后，加盐调味即可。

适宜人群

本品适宜血虚诸证、月经不调、经闭、痛经、症瘕结聚、崩漏、贫血、肾阴虚的患者食用。

补血活血 + 调经止痛

川芎当归鸡汤

原料

鸡腿150克，熟地黄25克，当归15克，川芎5克，炒白芍10克，盐5克，枸杞子、水各适量。

做法

❶ 将鸡腿洗净，切块汆水，捞出后冲净；药材用清水冲净。

❷ 将鸡腿块和所有药材放入炖锅，加水，以大火煮沸，转小火续炖40分钟。

❸ 起锅前加盐调味即可。

适宜人群

本品适宜血虚者（面色苍白无华、神疲乏力、指甲口唇色淡者），病后或产后体虚者，月经不调者，以及痛经、闭经者食用。

补血活血＋调经止痛

当归月季土鸡汤

原料

鸡胸肉175克，蘑菇50克，当归15克，月季花5克，龙眼肉10颗，盐4克，葱段2克，姜片3克，枸杞子、高汤各适量。

做法

❶ 鸡胸肉洗净，切丝氽水；蘑菇洗净；当归、月季花、枸杞子洗净，取当归、月季花和部分枸杞子煎取药汁备用。

❷ 高汤锅内下鸡胸肉丝、蘑菇、龙眼肉、葱段、姜片、剩余枸杞子煮熟，倒入药汁，加盐调味即可。

适宜人群

本品适宜月经不调者（痛经、闭经、月经量少者），产后血虚或血瘀腹痛、心绞痛、心律失常者，以及贫血患者食用。

补气健脾＋升举内脏

党参茯苓鸡汤

原料

党参15克，炒白术、炙甘草各5克，茯苓10克，鸡腿2只，姜片、盐、水各适量。

做法

❶ 鸡腿洗净，切小块，氽去血水。

❷ 党参、炒白术、茯苓、炙甘草均洗净。

❸ 锅中加水煮沸，放入鸡腿块及做法❷的药材、姜片，转小火煮熟，调入盐即可。

适宜人群

本品适宜脾胃虚弱引起的内脏下垂、神疲乏力、脾虚引起的妊娠胎动不安、病后体虚者食用。

禽及蛋靓汤

81

益气补虚 + 养心安神
柏子仁参须鸡汤

原料

土鸡1只，参须5克，柏子仁15克，红枣3颗，盐、葱花、水各适量。

做法

❶ 将土鸡清理干净；红枣、柏子仁、参须均洗净。

❷ 将土鸡放入砂锅，放入红枣、柏子仁、参须，加水，大火煮沸，转小火煲2小时。

❸ 加盐调味，撒上葱花即可。

适宜人群

本品适宜脾胃虚弱、食欲不振者，血虚所致心烦失眠、心悸者，产后、病后体虚者，更年期综合征患者，以及自汗、盗汗者食用。

益智补脑 + 健脾益气
扁豆莲子鸡汤

原料

鸡腿300克，扁豆100克，莲子40克，核桃仁20克，山楂片8克，盐、料酒、水各适量。

做法

❶ 将莲子洗净，去心；鸡腿洗净，切块，氽烫。

❷ 将莲子、核桃仁、山楂片与水、鸡腿块共置锅中，大火煮沸，转小火煲45分钟。

❸ 扁豆洗净沥干，放入锅中煮15分钟至扁豆熟软，加盐、料酒调味即可。

适宜人群

本品适宜脑力劳动、神经衰弱、失眠、大便不爽、脾虚食欲不振及消化不良者食用。

健脾化湿 + 和中止呕

白扁豆鸡汤

原料

白扁豆100克，莲子40克，砂仁10克，鸡腿300克，水1500毫升，盐5克。

做法

❶ 鸡腿洗净，切块，汆烫；莲子洗净，去心。

❷ 将水、鸡腿块、莲子置入锅中，大火煮沸，转小火煲45分钟。

❸ 白扁豆洗净沥干，放入锅中煮熟。

❹ 放入砂仁，搅拌后加盐调味即可。

适宜人群

本品适宜夏季感冒、急性胃肠炎、暑热头痛头昏、恶心烦躁、口渴欲饮、心腹疼痛、饮食不香者食用。

白扁豆
健脾化湿、和中消暑

保肝护胆 + 健脾补虚

绞股蓝鸡肉汤

原料

绞股蓝10克，干菜20克，鸡腿、鸡翅各1只，红枣5颗，盐、水各适量。

做法

❶ 绞股蓝、干菜、红枣分别洗净；鸡腿、鸡翅洗净，汆水。

❷ 锅中加水，大火煮沸，将鸡腿、鸡翅、红枣一起放入锅中，转中火煲30分钟，再放入干菜、绞股蓝继续煲15分钟，加盐调味即可。

适宜人群

本品一般人群皆可食用，尤其适合肝炎患者，贫血头晕、两目干涩、体虚营养不良、消瘦者食用。

滋阴清热 + 益气补虚

薄荷椰子杏仁鸡汤

原料

薄荷叶10克，椰子1个，杏仁20克，鸡腿肉45克，盐3克，枸杞子、葱花、水各适量。

做法

❶ 将薄荷叶洗净，切碎；椰子切开，将汁倒出；杏仁、枸杞子洗净；鸡腿肉洗净，切块。

❷ 鸡腿肉块汆水。

❸ 锅置于火上倒入水，下鸡腿块、薄荷叶末、椰汁、杏仁煲熟，调入盐，撒上葱花和枸杞子即可。

适宜人群

本品适宜肝郁气滞、胸闷胁痛者，食积不化者，以及咽喉不利者食用。

活血化瘀 + 散结止痛

三七薤白鸡肉汤

原料

鸡肉350克，枸杞子20克，盐5克，三七、薤白、红枣、水各适量。

做法

❶ 鸡肉洗干净，切块，氽水；三七洗净，切片；薤白切碎；红枣、枸杞子洗净备用。

❷ 将鸡肉块、三七片、碎薤白、枸杞子、红枣放入锅中，加水，用小火慢煲，2小时后加入盐即可。

适宜人群

本品适宜胸脘痞闷、咳喘痰多、脘腹疼痛、心胸刺痛者食用。

宁心安神 + 滋阴补肾

百合芡实鸡汤

原料

土鸡肉200克，干百合25克，芡实20克，龙眼肉10克，姜片15克，盐3.5克，鸡精1.3克，水适量。

做法

❶ 土鸡肉剁小块，放入沸水中氽烫去血水，捞出用冷水洗净，然后放入炖盅，加入500毫升水。

❷ 干百合洗净，放入冷水中浸泡约5分钟，泡软后倒去水，与龙眼肉、芡实及姜片一起加入炖盅中，盖上保鲜膜。

❸ 将汤盅放入蒸笼，以中火蒸1小时，蒸好取出后加入盐、鸡精调味即可。

适宜人群

本品适宜失眠多梦、脾虚痰多、腰膝酸软、腹痛腹泻、气血不足、肺燥或阴虚咳嗽者食用。

补肾壮阳 + 益气补虚

鹿茸鸡汤

原料

土鸡500克，鹿茸3克，猪瘦肉200克，黄芪10克，姜片、盐、味精、水各适量。

做法

❶ 土鸡洗净，切块，氽水；猪瘦肉洗净，切大块；鹿茸洗净，切片；黄芪洗净。

❷ 将做法❶的原料和姜片放入炖盅内，加水炖熟。

❸ 加盐和味精调味即可。

适宜人群

本品适宜肾阳不足、精血亏虚引起的阳痿早泄、宫寒不孕、头晕耳鸣、腰膝酸软、四肢冰冷、神疲体倦、筋骨痿软者，以及发育不良、囟门不合、行迟、齿迟的患儿食用。

滋阴补肾 + 益精填髓

六味地黄山药鸡汤

原料

鸡腿150克，熟地黄25克，山药20克，茱萸果10克，丹皮、茯苓各8克，泽泻5克，红枣5颗，盐3克，水适量。

做法

❶ 鸡腿洗净，切块，放入沸水中汆烫，捞起冲净；将所有药材洗净，煎取药汁。

❷ 将鸡腿块和药汁一起盛入炖锅，加水，大火煮开。

❸ 放入红枣，转小火慢炖30分钟，加盐调味即可。

适宜人群

本品适宜肾阴亏虚引起的潮热、盗汗、烦躁易怒、腰膝酸软、头晕耳鸣、性欲减退、阳痿早泄、遗精、不孕不育者食用。

活血化瘀 + 降压止眩

鸡血藤鸡肉汤

原料

鸡1只，鸡血藤、天麻各30克，盐6克，姜片、水各适量。

做法

❶ 鸡洗净，切块，汆去血水；鸡血藤、天麻均洗净备用。

❷ 将鸡块、鸡血藤、姜片、天麻放入锅中，加水，大火煮开后转小火煲3小时，加入盐调味即可。

适宜人群

本品适宜体虚贫血、产后血瘀、血虚头晕、月经不调、血瘀闭经者食用。

活血止痛 + 舒筋活络

鸡血藤香菇鸡汤

原料

鸡血藤30克，威灵仙、干香菇各20克，鸡腿1只，盐、水各适量。

做法

❶ 将鸡血藤、威灵仙均洗净；干香菇洗净，泡发；鸡腿洗净，切块。

❷ 先将鸡血藤、威灵仙放入锅中，加水，大火煲15分钟，捞去药渣留汁，再放入鸡腿块、香菇，中火煲30分钟，加盐调味即可。

适宜人群

本品适宜风寒湿痹（风湿性关节炎、肩周炎、筋骨疼痛等）、骨折、手足麻木、肢体瘫软者食用。

禽及蛋靓汤

益气补虚 + 滋阴润燥
银耳山药莲子鸡汤

原料

鸡肉400克，银耳20克，山药20克，莲子20克，枸杞子10克，盐、鸡精、水各适量。

做法

❶ 鸡肉洗净，切块，汆烫；银耳泡发洗净，撕小块；山药洗净，去皮，切片；莲子洗净，对半切开，去莲子心；枸杞子洗净。

❷ 炖锅中分别放入鸡肉块、银耳块、山药块、莲子、枸杞子，加适量水，大火炖至莲子变软。

❸ 加盐和鸡精调味即可。

适宜人群

本品适宜体质虚弱、头晕耳鸣、面色萎黄、胃阴亏虚所致胃痛、白带清稀过多者食用。

消食化积 + 退乳除胀
山药麦芽鸡汤

原料

鸡肉200克，山药300克，麦芽、神曲各适量，蜜枣20克，盐4克，鸡精3克，薄荷叶、水各适量。

做法

❶ 鸡肉洗净，切块汆水；山药洗净，去皮，切块；麦芽淘洗干净，浸泡。

❷ 锅中放入鸡肉块、山药块、麦芽、神曲、蜜枣，加适量水，小火慢煲。

❸ 1小时后放盐和鸡精稍煮，放上薄荷叶作为装饰即可。

适宜人群

本品适宜脾胃气虚所致的神疲乏力、食欲不振、食积腹胀者，慢性萎缩性胃炎、胃大部分切除的胃癌术后患者，以及停止哺乳时需要回乳的妇女食用。

温经散寒 + 大补元气
人参糯米鸡汤

原料

人参、肉桂各5克，糯米50克，鸡腿1只，红枣10克，盐、葱花、枸杞子、水各适量。

做法

❶ 将肉桂用水清洗一下，放入锅中，加水煎取药汁。

❷ 鸡腿洗净，切块，与清洗好的糯米、人参、红枣一起放入锅中，加水和药汁，煮成粥后加入枸杞子，调入盐、葱花即可。

适宜人群

本品适宜心阳亏虚引起的心悸怔忡、心胸憋闷或心痛、气短、冷汗淋漓、畏寒肢冷、面唇青紫者，以及肾阳虚引起的阳痿、遗精者食用。

乌鸡

【平肝祛风，益肾养阴】

乌鸡的喙、眼、脚、皮肤、肌肉、骨头和大部分内脏都是乌黑的。从营养价值上看，乌鸡的营养远高于普通鸡，口感也更细嫩。其食疗价值更是普通鸡不能比的，被人们称作"名贵食疗珍禽"。

营养成分（以100克为例）

蛋白质	22.3克
碳水化合物	0.3克
钾	323毫克
磷	210毫克
钠	64毫克
镁	51毫克
钙	17毫克

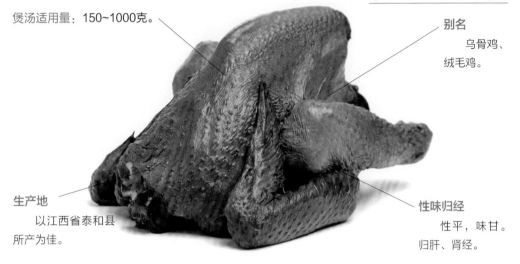

煲汤适用量：150~1000克。

别名

乌骨鸡、绒毛鸡。

生产地

以江西省泰和县所产为佳。

性味归经

性平，味甘。归肝、肾经。

选购与保存

选购乌鸡时，以胸部平整、血水少、毛孔粗大、骨质乌黑、肉质新鲜者为佳。

乌鸡肉易腐烂，买回的乌鸡肉若不马上食用，可将血水清洗干净，按照每次所需烹调量用保鲜袋分装，然后放入冰箱冷藏或冷冻。

煲汤好搭档

 + 　　补血养颜

乌鸡　　　　大枣

 + 　　益气补血、滋阴润燥

乌鸡　　　　阿胶

 + 　　养心安神、清肺止咳

乌鸡　　　　百合

 + 　　养阴、祛热、补中

乌鸡　　　　粳米

《本草纲目》：泰和乌鸡甘平无毒，益助阳气，滋阴补肾，治心绞痛，和酒五合服之。

禽及蛋靓汤

小贴士

乌鸡连骨熬汤滋补效果更好，将乌鸡骨砸碎，用砂锅小火慢炖为佳，最好不用高压锅。

乌鸡富含蛋白质、氨基酸、维生素和矿物质，是补体、强身、养身的上佳食品。乌鸡体内的黑色物质含有较多铁、铜元素，对病后、产后贫血症具有补血的食疗作用。

滋阴润燥 + 补益肝肾

椰盅女贞子乌鸡汤

原料

乌鸡300克，女贞子15克，椰子1个，板栗、山药各100克，枸杞子10克，盐、鸡精各适量。

做法

❶ 乌鸡洗净，切块，汆水；板栗去壳；山药洗净，切块；枸杞子、女贞子洗净。

❷ 椰子倒出椰汁，留壳备用。

❸ 将做法❶的原料放入锅中，加椰汁煲2小时，调入盐和鸡精，盛入椰盅即可。

适宜人群

本品适宜肝肾不足、腰膝酸软、须发早白、高血压者食用。

保肝护心 + 活血化瘀

丹参玉竹乌鸡汤

原料

乌鸡1只，丹参15克，玉竹10克，盐5克，姜丝、水各适量。

做法

❶ 乌鸡洗净，切块，汆烫后洗净；丹参、玉竹洗净。

❷ 将玉竹、丹参与乌鸡块放于砂锅中，加水，大火煮沸后加姜丝，小火煲1小时，加盐调味即可。

适宜人群

本品适宜月经过多、痛经、产后瘀血腹痛、恶露不尽者，慢性肝炎、肝硬化患者，以及冠心病、动脉硬化、高血压等心脑血管疾病患者食用。

活血通络 + 散瘀止血

三七木耳乌鸡汤

原料

乌鸡150克，三七5克，黑木耳10克，盐2克，姜片、水各适量。

做法

❶ 乌鸡收拾干净，切块；三七洗净，切成薄片；黑木耳泡发洗净，撕成小朵。

❷ 乌鸡块汆水。

❸ 瓦煲装水煮沸后加入乌鸡块、三七片、黑木耳、姜片，大火煮沸后转小火煲3小时，加盐调味即可。

适宜人群

本品适宜高血压病、冠心病、心绞痛、动脉硬化等心脑血管疾病患者，贫血体虚者，以及胃出血患者食用。

益气固表 + 强壮身体

鲜人参乌鸡汤

原料

鲜人参2根，乌鸡650克，猪瘦肉200克，姜片、味精、盐、鸡汁各适量。

做法

❶ 乌鸡去内脏，洗净；猪瘦肉洗净，切块。

❷ 把做法❶的原料汆去血污后，加入鲜人参、姜片和鸡汁，然后装入炖盅内，移到锅中，隔水炖4小时。

❸ 加盐、味精调味即可。

适宜人群

本品适宜劳伤虚损、食少、倦怠、反胃吐食、大便滑泄、虚咳喘促、惊悸、健忘、眩晕头痛者食用。

人参
大补元气、补脾益肺

养肝补血 + 明目乌发

淡菜何首乌鸡汤

原料

淡菜150克，何首乌15克，鸡腿1只，陈皮3克、盐、水各适量。

做法

❶ 鸡腿洗净，切块汆水；淡菜、何首乌、陈皮均洗净。

❷ 将鸡腿块、淡菜、何首乌、陈皮盛入炖锅，加水没过所有材料后用大火煮开，再转小火炖1小时，加盐调味即可。

适宜人群

本品适宜肝肾亏虚引起的头晕耳鸣、腰膝酸软、阴虚盗汗、烦热失眠者，肾虚头发早白、脱发者，贫血者，产后或病后体虚者，以及高血压患者食用。

养阴生津 + 益气补血

麦冬乌鸡汤

原料

乌鸡400克，人参8克，麦冬、红枣、枸杞子各15克，盐、鸡精、水各适量。

做法

❶ 乌鸡洗净，切块汆水；人参洗净，切片；红枣洗净，浸泡，去核；枸杞子、麦冬洗净，浸泡。

❷ 锅中加水，放入乌鸡块、人参片、麦冬片、红枣、枸杞子。

❸ 大火烧沸后转小火煲2小时，加盐和鸡精调味即可。

适宜人群

本品适宜更年期女性（阴虚盗汗、神疲乏力、性欲冷淡、烦躁易怒者），产后或病后体虚者，以及卵巢早衰、贫血、血虚失眠、头晕耳鸣者食用。

滋阴补血 + 养心安神
百合乌鸡汤

原料
乌鸡1只，鲜百合30瓣，葱5克，姜4克，盐6克，粳米、水各适量。

做法
❶ 乌鸡洗净，切块；百合洗净；姜洗净，切片；葱洗净，切段；粳米淘洗干净。

❷ 乌鸡块入锅汆水捞出。

❸ 锅置火上入水，放乌鸡块、百合、姜片、粳米，煲2小时，下葱段，加盐调味即可。

适宜人群
本品适宜心烦易怒、血虚心悸、失眠多梦、神经衰弱、贫血、营养不良、阴虚发热、五心潮热者，以及更年期女性食用。

补气益血 + 滋补强身
芪枣乌鸡汤

原料
乌鸡500克，黄芪25克，姜5片，红枣5颗，盐5克，味精3克，水适量。

做法
❶ 乌鸡洗净，切块，入沸水汆去血水，捞出，沥干待用。

❷ 起锅烧油，爆香姜片，放入乌鸡块炒片刻取出。

❸ 黄芪、红枣、乌鸡块放入煲内，加水煲2小时，加盐、味精调味即可。

适宜人群
本品适宜身体虚弱、气血不足、风湿麻痹、四肢酸弱者，以及糖尿病、高脂血症、冠心病、动脉硬化等患者食用。

活血化瘀 + 调经止痛
当归三七乌鸡汤

原料
乌鸡150克，当归10克，三七8克，姜10克，盐、水各适量。

做法
❶ 当归、三七洗净；乌鸡洗净，切块；姜洗净，切片。

❷ 将乌鸡块放入沸水中煮5分钟，取出过冷水。

❸ 把乌鸡块、三七、当归、姜片放入煲内，加开水，盖好盖，小火炖2小时，加盐调味即可。

适宜人群
本品适宜月经不调（痛经、月经量少、月经色暗、月经推迟、闭经）患者，血虚头晕者，产后或病后体虚者，产后腹痛者，以及心绞痛、动脉硬化者食用。

鸡杂

【补血养颜，滋补心脏】

鸡杂包括鸡心、鸡肝、鸡肠、鸡胗等，含有多种营养，且鲜美可口。每一种鸡杂都可单独入菜，深受人们的喜爱。

营养成分（以100克鸡肝为例）

热量	507千焦
蛋白质	16.6克
脂肪	4.8克
磷	263毫克
钾	222毫克
铁	12毫克

煲汤适用量：100~200克。

别名

鸡杂碎。

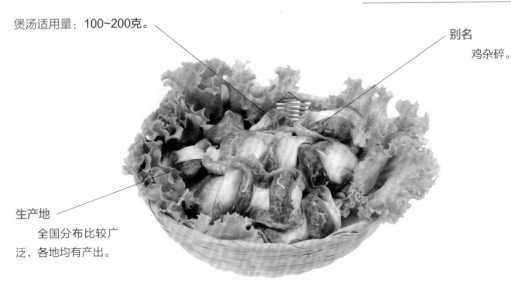

生产地

全国分布比较广泛，各地均有产出。

选购与保存

鸡肝以有肉香，充满弹性，呈淡红色、土黄色或灰色者为好。最好吃新鲜的，食用前需要用冷水泡。

鸡胗以富有弹性和光泽，外表呈红色或紫红色，质地坚而厚实者为佳。不宜长时间保存，冷藏或冷冻保鲜。

鸡心以色紫红，呈锥形，质韧，外表有油脂和筋络者为佳。需先用盐腌一下，再放冰箱冷藏。

煲汤好搭档

 + 增加营养价值

鸡心　　　　荠菜

 + 治疗遗精

鸡胗　　　　芡实

 + 补心、镇静

鸡肝　　　　芹菜

《神农本草经疏》：
今人用以治少儿疳积，眼目不明者，取其导引入肝气，类相感之用也。

小贴士

鸡肝中含有丰富的铁质，是补血食品中最常用的食物，可使皮肤健康、保持红润。

鸡肝中富含维生素A，对保护眼睛，防止眼睛干涩、疲劳，滋养皮肤大有裨益。

鸡胗也就是鸡胃，肉色为紫红色，肉质韧，熟后脆嫩；鸡胗有消食导滞的作用。

鸡心具有滋补心脏、镇静安神的功效。

禽及蛋靓汤

鸡胗鱼片汤

原料

山药50克，鸡胗、天花粉各10克，鱼片100克，玉米粒、毛豆仁各35克，色拉油、海苔丝、盐、水各适量。

做法

❶ 鸡胗、天花粉放入棉布袋，置入锅中，加水，煮沸约3分钟后关火，滤取药汁。

❷ 山药洗净，去皮，切丝；锅中放入适量色拉油加热，放入山药丝和洗净的玉米粒、毛豆仁，翻炒2分钟。

❸ 倒入药汁和鱼片，以大火焖煮2分钟，加盐调味，撒上海苔丝即可。

适宜人群

本品适宜脾胃气虚引起的食欲不振、消化不良者，便秘、胃痛者，以及糖尿病患者食用。

南瓜鸡胗猪肉汤

原料

南瓜200克，猪腿肉150克，鸡胗粉10克，核桃仁10个，红枣5颗，盐、高汤各适量。

做法

❶ 南瓜洗净，去皮，去瓤，切成方块；红枣、核桃仁洗净；猪腿肉洗净，切块。

❷ 猪腿肉块汆水，捞出沥干。

❸ 将南瓜块、猪腿肉块、核桃仁、红枣、鸡胗粉放入砂煲，注入高汤，小火煲1.5小时，加盐调味即可。

适宜人群

本品适宜结石（肾结石、尿路结石、胆结石等）、尿路感染、慢性肝炎患者，以及胃痛、食积腹胀、食欲不振、便秘者食用。

南瓜

补中益气、帮助消化

补肾固精 + 缩尿止遗

五子鸡杂汤

原料

鸡杂1份，菟蔚子、蒺藜子、覆盆子、车前子、菟丝子各10克，姜1块，葱1根，盐6克，水适量。

做法

❶ 鸡杂收拾干净，切片；姜、葱洗净，切丝。

❷ 洗净所有药材，放入棉布袋扎紧，锅中加水，放入棉布袋，大火煮沸，转小火煲20分钟。

❸ 捞出棉布袋丢弃，转中小火，往汤中放入鸡杂片、姜丝、葱丝，煮沸后加盐调味即成。

适宜人群

本品适宜肾虚遗精早泄、阳痿、尿频遗尿、腰膝酸软、性欲冷淡者食用。

车前子
利尿通淋、清肝明目

清肝明目 + 润肠通便

决明鸡肝苋菜汤

原料

苋菜250克，枸杞叶30克，决明子15克，鸡肝2副，盐10克，水1200毫升。

做法

❶ 苋菜剥取嫩叶和嫩梗，与枸杞叶均洗净，沥干。

❷ 鸡肝洗净，切片，汆水。

❸ 决明子装入棉布袋扎紧，和水入锅熬成药汁，捞起药袋丢弃。

❹ 加入苋菜、枸杞叶，煮沸后下鸡肝片，煮熟后加盐调味即可。

适宜人群

本品适宜肝火旺盛导致的目赤肿痛、眼睛干涩者，以及白内障、青光眼、夜盲症、视力下降患者食用。

决明子
清肝明目、润肠通便

鸡爪

【温中益气，美容养颜】

鸡爪，也就是鸡的脚爪，又称凤爪，其多皮、筋，胶质较多，口感柔韧，适合卤、酱，是餐桌上常见的美味佳肴。

营养成分（以100克为例）

热量	1059千焦
蛋白质	23.9克
脂肪	16.4克
碳水化合物	2.7克
钠	169毫克
钾	108毫克

煲汤适用量：150~200克。

别名
凤爪、鸡掌。

生产地
全国各地均有。

性味归经
性温，味甘；
归脾、胃经。

选购与保存

鸡爪以大小均匀，外表干净、富有光泽，呈淡粉色，质地紧密且肉筋较多者为佳。

鸡爪最好趁新鲜制作成菜，一般放冰箱内可保鲜1~2天不变质。如果需要长期保存生鸡爪，可把鸡爪洗净，在表面涂抹少许黄酒，用保鲜膜包裹起来，放入冰箱冷冻室冷冻保存，食用时取出自然化冻。

煲汤好搭档

鸡爪 + 牛肝菌　　增强抵抗力

鸡爪 + 香附　　滋阴补肾、理气解郁

鸡爪 + 红枣　　补血养颜

小贴士

买回家的鸡爪应去掉趾甲，用流动的清水洗干净。老鸡的爪尖磨损较多，光滑，脚掌皮厚，而且僵硬，爪趾较大。嫩鸡的爪尖磨损较少，脚掌皮薄而无僵硬的现象，爪趾较细小。

给鸡爪去骨时，可以先将鸡爪对半切，或直接将骨头去掉。只要一手抓住鸡爪，一手抓住骨头，一扭骨头就下来了。

理气解郁 + 调经止痛

香附花胶鸡爪汤

原料

香附、当归各10克，党参8克，鸡爪200克，水1200毫升，花胶、香菇、盐、鸡精各适量。

做法

❶ 香附、党参、当归、香菇均洗净；鸡爪洗净，氽水；花胶洗净，浸泡。

❷ 锅中加水，放入做法❶的所有食材，大火煮沸后转小火煲2小时。

❸ 加盐和鸡精调味即可。

适宜人群

本品适宜月经不调、崩漏带下者，肝气郁结、抑郁不欢、乳房胀痛、胁肋疼痛者，肝胃不和、腹胀痞满者，以及面生色斑者食用。

香附

理气解郁、调经止痛

补肾乌发 + 滋阴养血

何首乌黑豆鸡爪汤

原料

鸡爪8只，黑豆20克，红枣5颗，何首乌10克，盐、水各适量。

做法

❶ 鸡爪切去趾甲，洗净。

❷ 红枣、何首乌洗净，泡发。

❸ 黑豆洗净，放锅中炒至豆壳裂开。

❹ 以上全部用料均放入煲内加水煲3小时，加盐调味即可。

适宜人群

本品适宜肾虚头发早白、脱发者，头晕耳鸣、腰膝酸软、阴虚盗汗、烦热失眠者，贫血患者，以及肝肾不足的高血压患者食用。

何首乌

乌须发、强筋骨

鸡蛋

【滋阴养血，健脾和胃】

鸡蛋几乎含有人体需要的所有重要营养成分。鸡蛋中所含的蛋白质是天然食品中最优质的蛋白质，可供给多种人体必需的氨基酸，而且与人体组织蛋白质的结构接近，易被人体吸收。

营养成分（以100克为例）

热量	581千焦
蛋白质	13.1克
脂肪	8.6克
碳水化合物	2.4克
胆固醇	648毫克
钙	56毫克

煲汤适用量：1~3个。

别名

鸡卵、鸡子。

生产地

全国各地均有，山东、河南、河北等地产量较大。

性味归经

性平，味甘；归脾、胃经。

适合体质

气虚体质。

选购与保存

外形完整，轻轻晃动没有声音的是鲜蛋；对光观察，蛋白清晰，呈半透明状态，一头有小空室的为好蛋；把鸡蛋放入水中，横沉在水底的是新鲜鸡蛋。

鸡蛋要大头朝上直立码放，不要横放，也不要倒放。用水洗过的鸡蛋不易保存，因为鸡蛋表面的胶状物质被洗掉后，细菌很容易从蛋壳上的小孔乘虚而入，使鸡蛋变质。

煲汤好搭档

鸡蛋	+ 韭菜	补气壮阳
鸡蛋	+ 牛奶	益气补虚
鸡蛋	+ 豆腐	增强体力、抗衰老
鸡蛋	+ 牛肉	强化骨质

《本草纲目》：卵白能清气，治伏热、目赤、咽痛诸疾。卵黄能补血，治下痢、胎产诸疾。卵则兼理气血，故治上列诸疾也。

小贴士

有些人吃了鸡蛋后会胃痛，或出现斑疹，这是对鸡蛋过敏引起的。鸡蛋中的蛋白质具有抗原性，与胃肠黏膜表面带有抗体的致敏肥大细胞作用，即可引起过敏反应。因此，对鸡蛋过敏者不要吃鸡蛋或含鸡蛋成分的食物。

鸡蛋可单独食用，也可做成蛋糕、酥皮糕点、冰激凌及饮料等美食。鸡蛋也可当作稠化剂和黏合剂来使用，可使各种食物口感更顺滑。

活血通经 + 祛瘀止痛
红花桃仁鸡蛋汤

原料

红花8克，桃仁6克，鸡蛋2个，姜片10克，盐、水各适量。

做法

❶ 将红花、桃仁洗净，同姜片放入锅中，加水煮沸后再煎煮15分钟。

❷ 打入鸡蛋煮至蛋熟。

❸ 加入盐，继续煮片刻即可。

适宜人群

本品适宜血瘀体质者（症见面色暗紫、舌唇青紫、月经前腹痛如针刺、经色暗、有血块），产后腹痛、恶露不尽者，以及冠心病患者食用。

桃仁
活血祛瘀、润肠通便

清热泻火 + 滋阴养血
黄连阿胶鸡蛋黄汤

原料

阿胶9克，黄连10克，鸡蛋黄2个，黄芩3克，白芍3克，水8杯，白糖适量。

做法

❶ 黄连、黄芩、阿胶、白芍均洗净，将黄连、黄芩、白芍放入煮锅内，加8杯水煎至3杯。

❷ 去渣后，加阿胶烊化，再加入鸡蛋黄、白糖，搅拌均匀煮熟即可，分3次食用。

适宜人群

本品适宜热邪耗伤营血，发热不已、心烦失眠不得卧、口干但不欲饮水、舌红绛而干燥、大便燥结的患者食用。

补肾强腰 + 理气安胎
杜仲艾叶鸡蛋汤

原料

杜仲25克，艾叶20克，鸡蛋2个，盐5克，姜丝、油、水各适量。

做法

❶ 杜仲、艾叶分别用清水洗净。

❷ 鸡蛋打入碗中，搅成蛋液，再加入洗净的姜丝，放入油锅内煎成蛋饼，切成块。

❸ 将做法❶和做法❷的材料放入煲内，加水，大火煮沸，改用中火煲2小时，加盐调味即可。

适宜人群

本品适宜肾气不足、腰膝疼痛、腿脚软弱无力的中老年人食用。

禽及蛋靓汤

鸭肉

【养胃滋阴，清肺解热】

鸭，又名家凫，别称"扁嘴娘"，是我国农村普遍饲养的主要家禽之一。人们常说"鸡鸭鱼肉"四大荤，可见，鸭肉在人们生活中的地位不低。

营养成分（以100克为例）

热量	996千焦
脂肪	19.7克
蛋白质	15.5克
碳水化合物	0.2克
胆固醇	94毫克
钙	6毫克

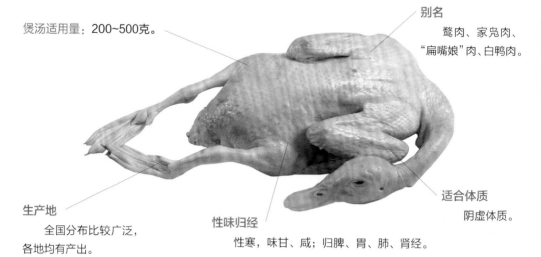

煲汤适用量：200~500克。

别名

鹜肉、家凫肉、"扁嘴娘"肉、白鸭肉。

适合体质

阴虚体质。

生产地

全国分布比较广泛，各地均有产出。

性味归经

性寒，味甘、咸；归脾、胃、肺、肾经。

选购技巧

选购鸭肉时，首先是观色。鸭的体表光滑，呈乳白色，切开后切面呈玫瑰色，表明是优质鸭；如果鸭皮表面渗出轻微油脂，可以看到浅红或浅黄颜色，切面是暗红色，则表明鸭的质量较差。

其次是闻味。好的鸭肉香味四溢；一般质量的鸭肉可以从其腹腔内闻到腥霉味；若闻到较浓的异味，则说明鸭肉已变质。

最后是辨形。新鲜质优的鸭肉，形体一般为扁圆形，腿的肌肉摸上去结实，有凸起的胸肉，在腹腔内壁上可清楚地看到盐霜。

煲汤好搭档

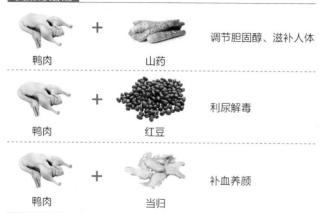

鸭肉	+	山药	调节胆固醇、滋补人体
鸭肉	+	红豆	利尿解毒
鸭肉	+	当归	补血养颜

《本草纲目》：鸭，水禽也，治水利小便，宜用青头雄鸭。

小贴士

宰杀后的鸭子应立刻用冷水将鸭毛浸湿，然后用沸水烫，在烫鸭子的水中加少许食盐，这样可使鸭子的毛拔得干净。拔完毛之后再用清水清洗干净。

鸭肉吃多了易滞气、滑肠，凡外感未清、阳虚脾弱、痞满胀气、便泻肠风者忌食。鸡、鸭、鹅等禽类屁股上端长尾羽的部位，学名为"腔上囊"，是淋巴结集中的地方，因淋巴结中的巨噬细胞可吞噬病菌和病毒，是个藏污纳垢的"仓库"，最好不要吃。

滋补肝肾 + 养阴益气
女贞子鸭汤

原料

鸭肉500克，女贞子15克，熟地黄20克，枸杞子、山药各10克，盐、水各适量。

做法

❶ 鸭肉洗净，切块；山药洗净，去皮，切块；熟地黄、女贞子、枸杞子洗净。

❷ 将熟地黄、枸杞子、山药块、女贞子、鸭肉块放入锅中，加水，大火煮沸，转小火煲至鸭肉块熟烂，加入盐调味即可。

适宜人群

本品适宜肝肾阴虚引起的腰膝酸软、五心烦热、盗汗、头晕耳鸣、遗精、夜尿频多者，更年期妇女，以及糖尿病患者食用。

补益肺气 + 止咳定喘
杏仁党参老鸭汤

原料

老鸭300克，杏仁20克，党参15克，盐、鸡精、水各适量。

做法

❶ 老鸭处理干净，切块，汆水；杏仁洗净，浸泡；党参洗净，切段，浸泡。

❷ 锅中放入老鸭肉块、杏仁、党参段，加水，大火煮沸后，转小火煲2小时。

❸ 调入盐和鸡精，稍炖，关火出锅即可。

适宜人群

本品适宜肺气虚所致的咳嗽、气喘、乏力者，如老年性慢性支气管炎、慢性肺炎、肺气肿、百日咳、肺结核、肺癌等患者食用。

滋阴润燥 + 益精生髓
熟地黄鸭肉汤

原料

鸭肉300克，枸杞子10克，熟地黄5克，葱段、姜片各3克，盐5克，水适量。

做法

❶ 将鸭肉洗净，切块，汆水；枸杞子、熟地黄分别洗净。

❷ 净锅上火，倒入水，调入葱段、姜片、下鸭肉块、枸杞子、熟地黄，煲至熟，加盐调味即可。

适宜人群

本品适宜血虚阴亏、肝肾不足、骨蒸潮热、内热消渴、遗精阳痿、咽干口燥者，以及慢性咽炎、糖尿病、高血压等患者食用。

禽及蛋靓汤

滋阴补虚 + 清热利尿
西洋参冬瓜鸭汤

原料

鸭肉500克，冬瓜块300克，西洋参10克，鲜荷叶梗60克，红枣5颗，盐、水各适量。

做法

❶ 鸭肉处理干净，切块；西洋参略洗，切成薄片。

❷ 将冬瓜块、鲜荷叶梗、红枣分别洗净，把除盐外的全部材料放入锅内，加水，大火煮沸后，转小火煲2小时，最后加盐调味即可。

适宜人群

本品适宜夏季暑热伤津、口渴心烦、体虚乏力、汗出较多、小便黄赤、阴虚火旺、阴虚干咳者，以及尿路感染、痤疮、痱子等热性病症患者食用。

滋阴润燥 + 利咽爽喉
薄荷鸭肉汤

原料

嫩薄荷叶30克，百合、玉竹各10克，鸭肉400克，姜片、水、盐、味精各适量。

做法

❶ 鸭肉洗净，切块，汆水；嫩薄荷叶、百合、玉竹洗净。

❷ 姜片、鸭肉块炒干水分，倒入煲中，加水，大火煲30分钟，再下嫩薄荷叶、玉竹、百合，转小火煮10分钟，加盐、味精调味即可。

适宜人群

本品适宜外感风热、头痛目赤、暑热烦渴、咽干口燥者，以及口腔溃疡、急慢性咽炎、扁桃体炎患者食用。

行气止痛 + 消食除胀
佛手老鸭汤

原料

老鸭250克，佛手100克，陈皮、山楂、枸杞子各10克，盐5克，鸡精3克，水适量。

做法

❶ 老鸭洗净，切块，汆水；佛手洗净，切片；枸杞子洗净，浸泡；陈皮、山楂洗净，煎汁去渣。

❷ 锅中放入老鸭肉块、佛手片、枸杞子，加水，小火煲。

❸ 至香味四溢时，倒入陈皮山楂汁，调入盐和鸡精，稍煮即可。

适宜人群

本品适宜脾虚气滞所致的食欲不振、食积腹胀、消化不良患者，以及乳腺增生、乳房胀痛者食用。

鸽肉

【滋肾益气，祛风解毒】

鸽肉含有丰富的泛酸，对脱发、白发和未老先衰等有很好的疗效，还可提高人的性欲。因此，人们把白鸽作为扶助阳气的强身妙品。

营养成分（以100克为例）

热量	835千焦
蛋白质	16.5克
脂肪	14.2克
碳水化合物	1.7克
钾	334毫克
钙	30毫克

煲汤适用量：50~200克。

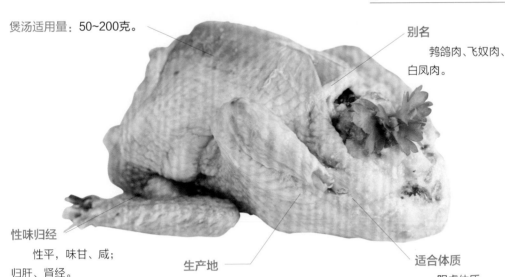

别名
雏鸽肉、飞奴肉、白凤肉。

性味归经
性平，味甘、咸；归肝、肾经。

生产地
全国分布比较广泛，各地均有产出。

适合体质
阴虚体质。

《本草纲目》：之毛色，于禽中品第最多，唯白色入药。

选购技巧

选购鸽肉时，以无鸽痘，皮肤无红色充血痕迹，肌肉有弹性，经指压后凹陷部位立即恢复原位，表皮和肌肉切面有光泽，具有鸽肉固有色泽，具有鸽肉固有气味，无异味者为佳。

煲汤好搭档

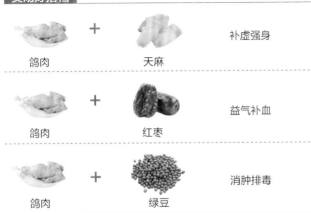

鸽肉	+ 天麻	补虚强身
鸽肉	+ 红枣	益气补血
鸽肉	+ 绿豆	消肿排毒

小贴士

中国养鸽有悠久的历史。据四川芦山县汉墓出土的鸽棚推断，最迟在公元206年，民间就兴起了养鸽之风。世界上著名的食用鸽品种有：美国王鸽、丹麦王鸽、法国蒙丹鸽、卡奴鸽、鸾鸽和荷麦鸽等；我国则有石岐鸽、公斤鸽和桃安鸽等。

鸽肉是高蛋白质、低脂肪食品，其中以白鸽肉的补益作用最佳，能补肝肾精气之不足。

鸽肉中含有延缓细胞代谢的特殊物质，可防止细胞老化，对抗衰老有一定功效。

补肾壮阳 + 抗衰防老
黄精海参乳鸽汤

原料

乳鸽1只，盐3克，黄精、海参、枸杞子、水各适量。

做法

❶ 乳鸽处理干净，氽水；黄精、枸杞子、海参均洗净，枸杞子和海参泡发。

❷ 将乳鸽、黄精、海参、枸杞子分别放入瓦煲，加水，大火煮沸，转小火煲2.5小时，加盐调味即可。

适宜人群

本品适宜肾虚所致的腰膝酸软、五心烦热、头晕耳鸣、阳痿早泄、遗精、夜尿频多者，糖尿病患者，贫血者，产后或病后体虚者，以及肺痨咯血者食用。

补益肝肾 + 养心安神
四宝乳鸽汤

原料

乳鸽1只，山药200克，香菇40克，远志、枸杞子、杏仁各10克，盐、水各适量。

做法

❶ 乳鸽处理干净，切块；山药洗净，去皮，切块，与乳鸽块一起氽水；香菇、枸杞子、远志、杏仁洗净。

❷ 将做法❶的所有原料放入锅中，加水，大火煮沸，转小火煲2小时，最后加盐调味即可。

适宜人群

本品适宜老年人、更年期女性、心悸失眠患者、记忆力衰退者、神经官能症患者、体虚自汗盗汗者、肾虚腰酸者、气血亏虚者食用。

敛肺止咳 + 益气补虚
百合白果鸽子汤

原料

鸽子1只，水发百合30克，白果10颗，葱花2克，辣椒圈、盐、水各少许。

做法

❶ 鸽子洗干净，切块，氽水；水发百合洗净；白果洗净备用。

❷ 净锅上火倒入水，下鸽肉块、水发百合、白果煮熟，加盐、葱花、辣椒圈调味即可。

适宜人群

本品适宜肺虚咳嗽气喘者（慢性肺炎、慢性支气管炎、肺结核、肺气肿、肺癌等患者），皮肤干燥粗糙者，贫血者，产后或病后体虚者，以及抵抗力差易感冒者食用。

疏肝理气 + 活血调经

佛手郁金乳鸽汤

原料

乳鸽1只，佛手9克，郁金15克，枸杞子、盐、葱花、水各适量。

做法

❶ 乳鸽处理干净，切块汆水；佛手洗净，切块；郁金洗净；枸杞子洗净，泡发。

❷ 炖盅中加水，放入佛手块、郁金、枸杞子、乳鸽块，大火煮沸后改为小火炖3小时，放入葱花，加盐调味即可。

适宜人群

本品适宜月经不调者（痛经、经前乳房胀痛者），肝气郁结者（胸胁苦满、闷闷不乐、烦躁易怒者），以及产后抑郁症患者食用。

平肝熄风 + 通络降压

天麻黄精老鸽汤

原料

老鸽1只，天麻15克，黄精10克，地龙10克，枸杞子少许，盐、葱各3克，姜片5克，水适量。

做法

❶ 老鸽处理干净，汆水；天麻、地龙、黄精、枸杞子均洗净；葱洗净，切段。

❷ 炖盅中加水，放入天麻、地龙、黄精、枸杞子、姜片、老鸽，大火煮沸后转小火炖3小时，放入葱段，加盐调味即可。

适宜人群

本品适宜高血压病、动脉硬化、中风半身不遂、帕金森病、阿尔茨海默病患者食用。

补肾健脾 + 固精止遗

山药芡实老鸽汤

原料

老鸽1只，芡实15克，龙眼肉50克，盐3克，山药、枸杞子、水各适量。

做法

❶ 老鸽处理干净，汆水；山药洗净，去皮，切片；芡实洗净；枸杞子洗净，泡发。

❷ 砂煲注水，放入山药片、枸杞子、芡实、老鸽，以大火煮沸，下龙眼肉，转小火煲1.5小时，加盐调味即可。

适宜人群

本品适宜肾虚尿频、遗尿、遗精早泄、肺虚喘咳、脾虚食少、久泻不止、带下清稀过多、产后或病后体虚、贫血者食用。

禽及蛋靓汤

鹌鹑

【补中益气，强筋祛湿】

俗话说："要吃飞禽，还数鹌鹑。"鹌鹑肉嫩味香，香而不腻，一向被列为野禽上品，还有人把鹌鹑与"补药之王"——人参媲美，誉之为"动物人参"。

营养成分（以100克为例）

热量	462千焦
蛋白质	20.2克
脂肪	3.1克
碳水化合物	0.2克
钾	179毫克
钙	48毫克

煲汤适用量：100~200克。

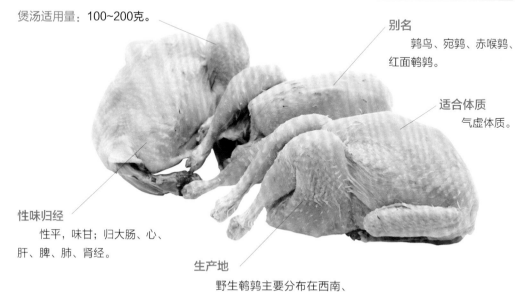

别名

鹑鸟、宛鹑、赤喉鹑、红面鹌鹑。

适合体质

气虚体质。

性味归经

性平，味甘；归大肠、心、肝、脾、肺、肾经。

生产地

野生鹌鹑主要分布在西南、东北地区，大部分地区都有饲养。

选购与保存

选购鹌鹑时，要注意颜色深的是肉鹌鹑，颜色浅的是蛋鹌鹑，以皮肉光滑、嘴柔软、肌肉有光泽、脂肪洁白、爪子较尖者为佳。

处理好的鹌鹑肉，应先用保鲜膜密封好或放入保鲜盒，再置于冰箱的冷冻室储存，可保存较长时间。

煲汤好搭档

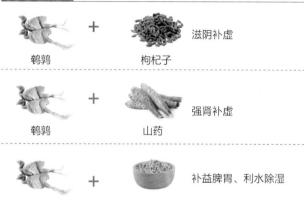

鹌鹑 + 枸杞子　　滋阴补虚

鹌鹑 + 山药　　强肾补虚

鹌鹑 + 薏米　　补益脾胃、利水除湿

《本草纲目》：补五脏，益中续气，实筋骨，耐寒暑，消结热。

小贴士

孕产妇也能吃鹌鹑，因为鹌鹑肉对营养不良、体虚乏力、贫血头晕者适用，所以适合孕妇食用。鹌鹑肉所含的丰富卵磷脂、脑磷脂是高级神经活动不可缺少的营养物质，对胎儿大脑有益。鹌鹑富含蛋白质，肉质比鸡肉嫩，煮烂一点宝宝可以吃，清蒸也不错。

人们感冒期间的饮食应清淡，不宜吃鹌鹑肉，以免加重消化系统的负担，从而加重病情。

补肾安胎 + 益气养血
菟杞红枣鹌鹑汤

原料

鹌鹑2只，菟丝子、枸杞子各10克，红枣7颗，料酒、盐、味精、开水各适量。

做法

❶ 鹌鹑洗净，切块，汆水。

❷ 菟丝子、枸杞子、红枣分别洗净，用温水浸透。

❸ 将鹌鹑肉块、菟丝子、枸杞子、红枣连同开水倒进炖盅，加入料酒，盖上盅盖，先用大火炖30分钟，后转小火炖1小时，调入盐、味精即可。

适宜人群

本品适宜肾虚胎动不安者，阳痿、早泄者，腰膝酸软者，贫血者，以及更年期综合征患者食用。

菟丝子
补益肝肾、明目

补肝肾 + 强筋骨
杜仲巴戟天鹌鹑汤

原料

鹌鹑1只，杜仲、巴戟天各30克，山药100克，枸杞子25克，红枣6颗，盐5克，味精3克，姜片、水各适量。

做法

❶ 鹌鹑处理干净，切块，汆水；山药洗净，去皮，切块；杜仲、巴戟天、枸杞子、红枣洗净。

❷ 把鹌鹑肉块、杜仲、巴戟天、枸杞子、山药块、姜片、水和红枣放入锅内，大火煮沸，改小火煲3小时，加盐和味精调味即可。

适宜人群

本品适宜肾阳亏虚引起的阳痿早泄、腰脊酸痛、精冷不育、小便余沥者，风寒湿痹、足膝痿弱、筋骨无力者，以及肾虚不孕、胎漏欲坠患者食用。

杜仲
补益肝肾、强筋壮骨

禽及蛋靓汤

105

第六章

水产河鲜靓汤

水产河鲜一般营养丰富，煲成汤后味鲜肉美，与中药搭配食用，滋补虚损的养生效果显著。不过，鱼子中胆固醇的含量较高，血脂、胆固醇偏高者应慎食。

鲫鱼

【健脾益气，利水除湿】

鲫鱼是富含蛋白质的淡水鱼，自古以来就有"鲫鱼脑壳四两参"的说法。鲫鱼中的蛋白质含量为17.1%，脂肪含量仅为2.7%。此外，鲫鱼中糖分、谷氨酸、天冬氨酸、锌的含量都很高。

营养成分（以100克为例）

热量	455千焦
蛋白质	17.1克
碳水化合物	3.8克
脂肪	2.7克
镁	41毫克
锌	1.94毫克

煲汤适用量：50~100克。

适合体质

气虚体质。

性味归经

性平，味甘；归脾、胃、大肠经。

别名

鲋鱼、鲫瓜子。

生产地

全国分布较为广泛，各地均有繁殖、培育。

选购技巧

选购鲫鱼时，要注意，新鲜鲫鱼的眼睛是凸的，不新鲜鲫鱼的眼睛是凹的；新鲜鲫鱼的眼球黑白分明，不新鲜鲫鱼的眼球浑浊、黑白不分；全身发黑的鲫鱼不宜选购；对于那些体肥、颜色暗沉的鲫鱼要小心、谨慎选购，尽量选择身体扁平、色泽偏白的鲫鱼，这样的鲫鱼肉质鲜嫩、色香味美。

煲汤好搭档

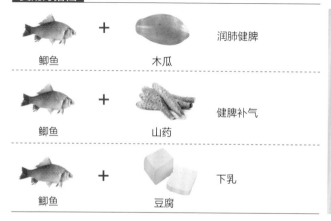

鲫鱼 ＋ 木瓜　　润肺健脾

鲫鱼 ＋ 山药　　健脾补气

鲫鱼 ＋ 豆腐　　下乳

《本草纲目》：诸鱼属火，独鲫属土，有调胃实肠之功。

小贴士

鲫鱼可健脾利湿，红豆也可健脾利湿，两者一起烹调，利湿作用更强。

鲫鱼中蛋白质和钙的含量丰富，对骨质疏松和骨折愈合有很好的功效，是补钙佳品。

鲫鱼去鳞剖腹洗净后，放入盆中，倒入一些黄酒，不仅能除去鲫鱼的腥味，还能使鲫鱼的滋味更鲜美。

疏肝解郁 + 调畅情绪

合欢山药鲫鱼汤

原料

鲫鱼1条，山药40克，合欢皮15克，山楂6克，盐5克，葱花、辣椒末、水各适量。

做法

❶ 鲫鱼处理干净，切块；合欢皮、山楂分别洗净；山药洗净，去皮，切块。

❷ 净锅上火倒入水，调入盐，下鲫鱼块、山药块、合欢皮、山楂，大火煮沸，转小火煲至鲫鱼块熟透，起锅撒上葱花和辣椒末即可。

适宜人群

本品适宜气郁体质者，抑郁症患者，乳腺增生者，心烦失眠者，神经衰弱患者，更年期女性，以及食欲不振、消化不良、胸闷不舒者食用。

健脾行气 + 利水消肿

砂仁陈皮鲫鱼汤

原料

鲫鱼300克，陈皮5克，砂仁4克，蜜枣2颗，姜片、葱段、盐、油、鸡精、水各适量。

做法

❶ 鲫鱼处理干净；砂仁打碎；陈皮浸泡去瓤。

❷ 油锅烧热，将鲫鱼稍煎至两面金黄。

❸ 瓦煲内放入陈皮、姜片和水，煮沸后放入鲫鱼，小火煲2小时后加砂仁、蜜枣稍煮，调入盐、葱段、鸡精即可。

适宜人群

本品适宜脾胃气虚、恶心呕吐、厌食油腻、便溏腹泻、神疲乏力、困倦、腹胀者食用。

温中行气 + 利水消肿

豆蔻陈皮鲫鱼汤

原料

鲫鱼1条，肉豆蔻9克，陈皮6克，葱段15克，盐、水、油各适量。

做法

❶ 鲫鱼处理干净，切成两段后下入热油锅煎香；肉豆蔻、陈皮均洗净。

❷ 锅中倒入水，放入鲫鱼段，待水开后加入肉豆蔻、陈皮煲至汤汁呈乳白色。

❸ 加入葱段继续煮20分钟，调入盐即可。

适宜人群

本品适宜脾虚腹泻、腹胀痞满、消化不良、肾炎水肿、呕吐、宿食不消者食用。

健脾益胃 + 益气止涎

益智仁山药鲫鱼汤

原料

益智仁10克，山药30克，鲫鱼1条，米酒10毫升，姜、葱、盐、水各适量。

做法

❶ 姜洗净，切片；葱洗净，切段；鲫鱼处理干净，切块；山药洗净，去皮，切块。

❷ 把益智仁、山药块、鲫鱼块、姜片分别放入锅中，加水，大火煮沸，然后转为小火煲30分钟。

❸ 待鲫鱼熟后加入盐、米酒，并撒上葱段即可。

适宜人群

本品适宜脾胃虚弱所致的腹泻、食欲不振者，流涎、遗尿患者，老年尿频、尿急者，以及阿尔茨海默病患者食用。

益智仁

补肾固精、温脾止泻

健脾开胃 + 益气下乳

蘑菇豆腐鲫鱼汤

原料

豆腐175克，鲫鱼1条，黄蘑菇45克，盐4克，香油5毫升，葱段5克，枸杞子、清汤各适量。

做法

❶ 豆腐洗净，切块；鲫鱼处理干净，切块；黄蘑菇洗净，切块备用。

❷ 锅内倒入清汤，放入鲫鱼块、豆腐块、蘑菇块、枸杞子煮沸，煮至食材熟时，调入盐，淋入香油，撒上葱段即可。

适宜人群

本品适宜产后乳汁缺少、脾胃虚弱、饮食不香、小儿麻疹初期、痔疮出血、慢性久痢者食用。

黄蘑菇

祛风散寒、舒筋活络

紫苏砂仁鲫鱼汤

原料

紫苏、砂仁各10克，枸杞叶500克，鲫鱼1条，陈皮、姜片、盐、味精、香油、水各适量。

做法

❶ 紫苏、枸杞叶洗净，切段；鲫鱼收拾干净；砂仁洗净，装入棉布袋。

❷ 将除味精和香油外的所有原料一起入锅，开火煮熟。

❸ 去药袋，加味精，淋香油即可。

适宜人群

本品适宜由脾胃虚寒引起的呕吐、腹泻、食积腹胀患者，妊娠呕吐、妊娠胎动不安、妊娠水肿等妊娠病患者，虚寒性胃痛者食用。

山药龙眼鲫鱼汤

原料

鲫鱼300克，山药200克，枸杞子15克，盐5克，龙眼肉、水各适量。

做法

❶ 鲫鱼处理干净，切块，入沸水中氽去血水；山药、龙眼肉均洗净，山药去皮、切片；枸杞子洗净，泡发。

❷ 将除盐外的所有原料放入汤锅中，以大火煮沸，改小火慢煲1小时。

❸ 加盐调味即可。

适宜人群

本品适宜心悸失眠、术后伤口未愈、产后或病后体虚、脾胃气虚、营养不良、食欲不振、贫血、神经衰弱、记忆力衰退者食用。

养阴生津 + 益气健脾

玉竹党参鲫鱼汤

原料

鲫鱼350克，胡萝卜、玉竹、党参、盐、姜片、油、水各适量。

做法

❶ 鲫鱼收拾干净，切块，过油煎香；胡萝卜洗净，去皮，切片；玉竹、党参均洗净。

❷ 将做法❶的材料放入汤锅中，加水煮沸后，转小火慢煲2小时。

❸ 撇去浮沫，加入姜片继续煲30分钟，出锅前加盐调味即可。

适宜人群

本品适宜脾胃虚弱、胃阴亏虚者，以及糖尿病、高脂血症、心脑血管疾病患者食用。

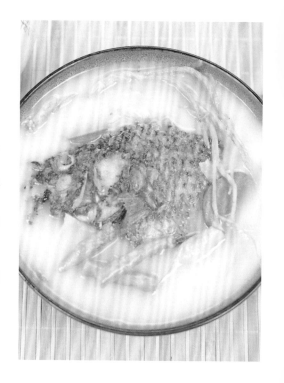

滋阴益胃 + 美容润肤

西洋参银耳鲫鱼汤

原料

鲫鱼300克，银耳20克，西洋参片、枸杞子各10克，盐、水各适量。

做法

❶ 鲫鱼收拾干净，切长段；西洋参片洗净；银耳、枸杞子洗净，泡发。

❷ 将做法❶的食材放入汤煲中，加水至盖过食材，大火煮沸。

❸ 转小火煲50分钟，加盐调味即可。

适宜人群

本品适宜胃阴亏虚引起的胃痛、胃灼烧者，咽喉干燥者，干咳咯血者，糖尿病患者，皮肤干燥暗黄者，肠热便血者，以及体质虚弱者食用。

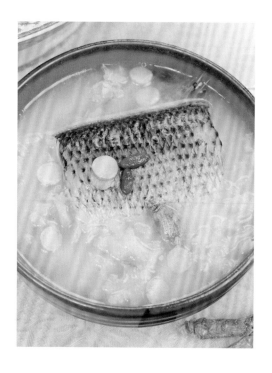

黄鳝

【补虚损，强筋骨】

黄鳝味鲜肉美，并且刺少肉厚，又细又嫩，与其他淡水鱼相比，可谓别具一格。我国素有小暑前后食黄鳝的习俗，故有"小暑黄鳝赛人参"之说。

营养成分（以100克为例）

热量	378千焦
蛋白质	18克
脂肪	1.4克
碳水化合物	1.2克
钙	42毫克
镁	18毫克

煲汤适用量：100~500克。

别名
鳝鱼、长鱼、蛇鱼。

适合体质
血虚体质。

生产地
多分布于长江流域的各干支流、湖泊、水库、池沼、沟渠中。

性味归经
性温，味甘；归肝、脾、肾经。

水产河鲜靓汤

烹饪指导

选购黄鳝时，最好选择颜色灰黄、摸起来较柔软的黄鳝，这样的黄鳝一般肉质比较细腻。需要注意的是，如果黄鳝闻着有些臭味，则不要选择，这样的黄鳝一般生活在水质污染严重的环境中或将近死去。

黄鳝死后容易产生毒性物质，人食用后会中毒。因此，宰杀黄鳝后最好立即食用，避免放置或者储存黄鳝。如果需要储存，可以烹调或者加工后储存。

《本草拾遗》：主湿痹气，补虚损，妇人产后淋沥，血气不调，羸瘦，止血，除腹中冷气肠鸣。

煲汤好搭档

 + 　美容养颜

黄鳝　　　菜花

 + 　增强免疫力

黄鳝　　　香菇

 + 　补中益气、健脾益胃

黄鳝　　　牛膝

小贴士

烹调黄鳝时，要先焯水，并在焯水时加少许醋，这样可去除体表黏液，并能去除腥味。

将鳝鱼背朝下铺在砧板上，用刀背从头至尾拍打一遍，这样可使其在烹调时受热均匀，更易入味，鳝鱼肉紧，拍打时可用力大些。

郁金红枣黄鳝汤

原料

黄鳝500克，郁金9克，延胡索、红枣各10克，姜片、盐、味精、油、料酒、水各适量。

做法

❶ 黄鳝用盐腌去黏液，清理干净，切段；郁金、延胡索洗净，煎取药汁。

❷ 起油锅爆香姜片，加少许料酒，放入黄鳝段炒片刻取出。

❸ 红枣洗净，与黄鳝段一起放入瓦煲内，加水，大火煮沸，改小火煲1小时，加入药汁，加盐、味精调味即可。

适宜人群

本品适宜风湿性关节炎、肩周炎、风湿病患者食用。

葛根山药黄鳝汤

原料

黄鳝2条，山药60克，葛根30克，枸杞子、盐各5克，葱花、姜片各2克，水适量。

做法

❶ 黄鳝处理干净，切段，汆水；山药洗净，去皮，切片；枸杞子洗净。

❷ 锅中加水，调入盐、葱花、姜片，大火煮沸，下黄鳝段、山药片、葛根、枸杞子煮熟即可。

适宜人群

本品适宜尿路感染、急性肾炎、高血压病、高脂血症、肥胖、脂肪肝、病毒性肝炎患者食用。

葛根
解肌退热、发表透疹

甲鱼

【滋阴养血，软坚散结】

甲鱼浑身都是宝，甲鱼的头、甲、肉、卵、胆、脂肪均可入药。甲鱼肉味鲜美、营养丰富，有清热养阴、平肝熄风、软坚散结的功效。

煲汤适用量：50~500克。

营养成分（以100克为例）

热量	494千焦
蛋白质	17.8克
脂肪	4.3克
碳水化合物	2.1克
钙	70毫克
维生素A	139微克

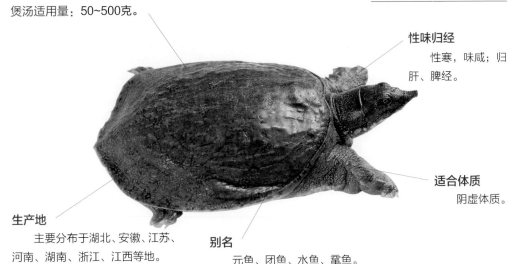

性味归经

性寒，味咸；归肝、脾经。

适合体质

阴虚体质。

生产地

主要分布于湖北、安徽、江苏、河南、湖南、浙江、江西等地。

别名

元鱼、团鱼、水鱼、鼋鱼。

选购与保存

好的甲鱼动作敏捷，腹部有光泽，肌肉肥厚，裙边厚而向上翘，体外无伤病痕迹。把甲鱼翻过来，头腿活动灵活，很快能翻回来，即为优质甲鱼。需要格外注意的是，买甲鱼必须买活的，千万不能图便宜买死甲鱼，甲鱼死后体内会分解产生大量毒物，人食用后容易中毒，即使冷藏也不可食用。

可以将甲鱼养在冰箱冷藏室的果蔬盒内，既可以防止蚊子叮咬，又可延长甲鱼的存活时间。

《随息居饮食谱》：
滋肝肾之阳，清虚劳之热。

煲汤好搭档

甲鱼 ＋ 红枣　滋阴养颜

甲鱼 ＋ 枸杞子　滋阴补虚

甲鱼 ＋ 冬虫夏草　滋阳益气、补肾固精

小贴士

甲鱼净血作用较佳，常吃可有效降低血液中的胆固醇，因而适宜患有高血压病、冠心病的病人食用。常吃甲鱼对肺结核、贫血、体质虚弱有一定的辅助疗效。

死的、变质的甲鱼不能吃；煎煮过的鳖甲没有药用价值；肠胃功能虚弱、消化不良者慎食甲鱼；生甲鱼血和胆汁配酒，可使饮用者中毒，应忌食。

宰杀甲鱼时，从内脏中挑出胆囊，取出胆汁，加水稀释后涂抹甲鱼全身，可去腥增味。

滋阴补虚 + 益气散结

灵芝石斛甲鱼汤

原料

甲鱼1只,灵芝15克,石斛10克,枸杞子少许,盐、水各适量。

做法

❶ 甲鱼收拾干净,切块,汆水;灵芝掰成小块;石斛、枸杞子均洗净,泡发。

❷ 将甲鱼块、灵芝块、石斛、枸杞子和水放入瓦煲,大火煮沸后,转为小火煲3小时,加盐调味即可。

适宜人群

本品适宜子宫肌瘤患者,肺结核患者,贫血者,更年期女性,阴虚发热、心烦易怒、失眠者,胃阴不足所致的口渴咽干、呕逆少食、胃脘隐痛者食用。

灵芝
益气补虚、止咳平喘

滋阴潜阳 + 养心安神

枸杞子甲鱼汤

原料

枸杞子30克,桂枝20克,红枣8颗,甲鱼250克,盐、味精、开水各适量。

做法

❶ 甲鱼宰杀后洗净。

❷ 枸杞子、桂枝、红枣洗净。

❸ 将盐、味精以外的原料一同放入煲内,加开水,小火煲2小时,再加盐、味精调味即可。

适宜人群

本品适宜腰酸腿软、口干、烦躁、手心发热、阳虚者食用。

滋阴补阳 + 益肺平喘

虫草红枣甲鱼汤

原料

甲鱼1只,冬虫夏草10个,红枣10颗,葱、姜片、蒜瓣各8克,料酒、盐、味精、鸡汤各适量。

做法

❶ 甲鱼宰杀后切块;冬虫夏草洗净;红枣洗净,用开水浸泡。

❷ 将甲鱼块汆水捞出,割开四肢,剥去腿部油脂,洗净。

❸ 甲鱼块放入砂锅,放上除盐、味精外的其他原料,煲2小时,调入盐、味精即可。

适宜人群

本品适宜肾虚腰痛、阳痿遗精、肺虚或肺肾两虚之久咳虚喘、劳嗽痰血、盗汗自汗者,以及高血压、冠心病、心律失常患者食用。

滋阴益气 + 防癌抗癌
香菇枣仁甲鱼汤

原料

甲鱼500克，香菇、豆腐皮、上海青各适量，酸枣仁10克，盐、鸡精、姜片、水各适量。

做法

❶ 甲鱼处理干净；香菇、豆腐皮、上海青均洗净，切好；酸枣仁洗净。

❷ 将甲鱼汆去血水后放入瓦煲，放入姜片、酸枣仁，加水煮沸。

❸ 小火煲至甲鱼熟烂，放入盐、鸡精调味，用香菇、豆腐皮、上海青装饰摆盘即可。

适宜人群

本品适宜甲状腺功能亢进、失眠、更年期综合征、糖尿病等患者食用。

滋阴益气 + 补肾壮阳
海马甲鱼汤

原料

甲鱼1只，猪瘦肉100克，姜10克，海马、光鸡、火腿、鲜土茯苓、龙眼肉、味精、盐、鸡精、浓缩鸡汁、料酒各适量。

做法

❶ 海马洗净，用瓦煲焗过后放置待用；甲鱼洗净；光鸡、猪瘦肉洗净，切块；火腿切成粒；姜洗净，切片。

❷ 将甲鱼、猪瘦肉块、光鸡块汆水，和火腿粒、鲜土茯苓、龙眼肉、海马、料酒、浓缩鸡汁、姜片一起装入炖盅炖4小时。

❸ 加盐、鸡精、味精调味即可。

适宜人群

本品适宜肾虚阳痿、精少、宫寒不孕、腰膝酸软、尿频、喘息短气者食用。

海马
强身健体、补肾壮阳

117

第七章
山珍药材靓汤

　　产自山野的名贵珍稀食品和一些中药材，在古人的食谱上常充当主角。野生山珍比较名贵，所以与食材一起煲汤后滋补效果十分可观，需要注意的是，适量进补才是最好的选择。

茯苓

【利水渗湿，健脾补中】

茯苓含有β-茯苓聚糖、茯苓酸、3β-羟基羊毛甾三烯酸等物质，自古被视为中药"八珍"之一，是利水渗湿的滋补药材。

营养成分

脂肪	胆碱
葡萄糖	蛋白质
氨基酸	有机酸
卵磷脂	腺嘌呤
麦角甾醇	茯苓多糖

煲汤适用量：5~25克。

别名

茯菟、茯灵、伏菟、松苓。

性味归经

性平，味甘、淡；归心、脾、肾经。

生产地

主产于长江流域以及南方各地区，以安徽省岳西县产量最大。

适合体质

痰湿体质。

《神农本草经》：主胸胁逆气，忧恚惊邪恐悸，心下结痛，寒热，烦满，咳逆，口焦舌干，利小便。久服安魂、养神、不饥、延年。

选购与保存

完整的茯苓呈类圆形、椭圆形、扁圆形或不规则团块，大小不一。外皮薄，棕褐色或黑棕色，粗糙，有皱纹。质坚实，破碎面颗粒状，近边缘淡红色，有细小蜂窝样孔洞，内部白色，少数淡红色。气微，味甘、淡，嚼之黏牙。挑选茯苓时，以体重坚实，外表呈褐色而略带光泽，无裂隙，皱纹深，断面色白、细腻，嚼之黏性强者为佳。

茯苓容易被虫蛀、发霉、变色，应密封放在阴凉、干燥的地方保存。

小贴士

茯苓治胸胁逆气，忧恐惊邪，心下结痛，寒热烦满咳逆，口焦舌干。

经常服用茯苓可安魂养神，使人不饥延年，止消渴嗜睡，治腹水、胸水及水肿病证，还有开胸腑、调脏气、祛肾邪、长阴益气、保神气的功能。

茯苓止烦渴、通利小便、除湿益燥，有和中益气的功能，可利腰脐间血、逐水缓脾、生津导气、平火止泻、去虚热、开腠理、泻膀胱、益脾胃。

茯苓能补五劳七伤，开心益志，治健忘，暖腰膝并安胎。

煲汤好搭档

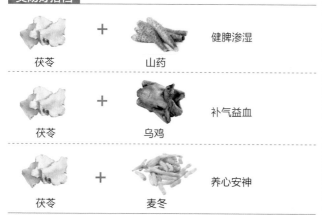

茯苓 + 山药		健脾渗湿
茯苓 + 乌鸡		补气益血
茯苓 + 麦冬		养心安神

健脾渗湿 + 祛风除痹

茯苓黄鳝汤

原料

黄鳝、蘑菇100克，茯苓20克，赤芍12克，盐6克，料酒10毫升，水适量。

做法

❶ 黄鳝处理干净，切段；蘑菇洗净，撕成小片；茯苓、赤芍洗净。

❷ 将做法❶的食材与水一起放入锅中，大火煮沸，转小火煲20分钟。

❸ 加入盐、料酒拌匀即可。

适宜人群

本品适宜肾炎水肿、尿路感染、前列腺炎、高脂血症、高血压病、肥胖、脂肪肝、肝硬化、月经不调、风湿性关节炎患者食用。

健脾益气 + 祛湿消肿

白术茯苓田鸡汤

原料

白术、茯苓各15克，白扁豆30克，芡实20克，田鸡4只，盐5克，水适量。

做法

❶ 田鸡处理干净，去皮，切块；白扁豆、芡实、白术、茯苓均洗净。

❷ 将白扁豆、芡实、白术、茯苓放入锅内，加水，小火煲20分钟，再将田鸡块放入煮熟，加盐调味即可。

适宜人群

本品适宜脾胃气虚、不思饮食、倦怠无力、慢性腹泻、消化吸收功能低下、虚汗多、小儿流涎者食用。

白术
健脾、益气、燥湿

银耳

【养阴生津，润肺养胃】

银耳是一种含粗纤维的减肥食品，营养价值非常高，被人们誉为"菌中明珠"。它是名贵的滋补佳品，是"延年益寿之品""长生不老良药"。

营养成分（以100克干银耳为例）

热量	1092千焦
膳食纤维	30.4克
蛋白质	10克
脂肪	1.4克
钙	36毫克
钾	1.6克

煲汤适用量：5~10克（干）。

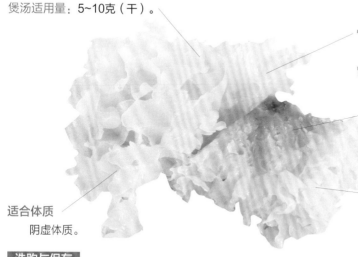

性味归经

性平，味甘、淡；归肺、胃、肾经。

别名

白木耳、白耳、桑鹅、五鼎芝、白耳子、银耳花。

生产地

我国西南地区、华东地区、西北地区均有出产。

适合体质

阴虚体质。

选购与保存

一看：好的银耳大而松散，耳肉肥厚，色泽呈白色或略带微黄，蒂头无黑斑或杂质。如果银耳色泽暗黄，朵形不全，呈残状，蒂间不干净，则质量较差。

二摸：好的银耳比较干燥，无潮湿感。

三尝：好的银耳无异味，如尝有辣味，则为劣质银耳。

四闻：银耳受潮后会发霉、变质，如能闻出酸味或其他气味，则不能再食用。

干银耳应存放在通风、透气、干燥、凉爽的地方，避免阳光长时间照射；应减少翻动，轻拿轻放，上面不要压重物。

> 《本草问答》：治口干肺痿、痰郁咳逆。

煲汤好搭档

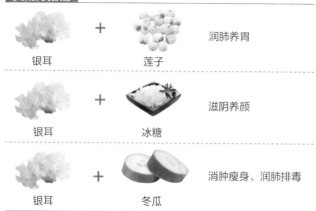

银耳　＋　莲子　润肺养胃

银耳　＋　冰糖　滋阴养颜

银耳　＋　冬瓜　消肿瘦身、润肺排毒

小贴士

银耳中的多糖必须经过熬煮才能析出，因此要想达到润肤、美白的效果，制作银耳汤是较好的选择。

银耳宜用温水泡发，泡发后应将未发开的部分去掉，特别是那些淡黄色的杂质；银耳主要用来做甜口的菜，以汤菜为主；变质银耳可能会引发中毒，因此应避免食用；熟银耳不宜久放；如果闻到银耳有酸味，说明银耳可能已受潮、变质，不宜再食用。

滋阴润肺 + 养血明目
银杞鸡肝汤

原料

鸡肝200克，银耳10克，枸杞子15克，百合5克，盐、鸡精各3克，水适量。

做法

❶ 鸡肝洗净，切块，氽水；银耳泡发，洗净，摘成小朵；枸杞子、百合洗净，加水浸泡。

❷ 将鸡肝块、银耳、枸杞子、百合放入锅中，加水小火煲1小时，调入盐、鸡精即可。

适宜人群

本品适宜肝肾不足所致的视物昏花者，贫血者，皮肤干燥者，青光眼、白内障、夜盲症等眼病患者，肝病患者，以及失眠者食用。

滋阴润燥 + 美容养颜
木瓜银耳猪骨汤

原料

木瓜100克，银耳10克，猪骨150克，玉竹5克，盐3克，生抽、水各适量。

做法

❶ 木瓜去皮，去籽，洗净，切块；银耳洗净，泡发，撕小朵；猪骨洗净，切块，氽水；玉竹洗净。

❷ 将猪骨块、木瓜块、玉竹放入瓦煲，加水，大火煮沸后下银耳，转小火煲2小时，加盐、生抽调味即可。

适宜人群

本品适宜阴虚体质、皮肤干燥暗黄无光泽者，肺阴亏虚者，以及胃阴虚所致的咽干口燥、胃脘灼痛者食用。

滋阴润肺 + 益气补血
椰子肉银耳乳鸽汤

原料

乳鸽1只，银耳10克，椰子肉100克，红枣、枸杞子、盐、水适量。

做法

❶ 乳鸽收拾干净；银耳泡发，洗净，撕小朵；红枣、枸杞子均洗净，浸水10分钟。

❷ 乳鸽氽尽血水，捞起洗净。

❸ 将乳鸽、红枣、枸杞子放入炖盅，注水后以大火煮沸，放入椰子肉、银耳，转小火炖2小时，加盐调味即可。

适宜人群

本品适宜肺虚咳嗽气喘、痰中带血、产后或病后体虚、皮肤干燥暗黄粗糙者，以及高血压病患者食用。

养阴生津 + 滋阴润燥

天冬银耳汤

原料

银耳20克，天冬、莲子各15克，黑枣2颗，香菇2朵，枸杞子、盐、水各适量。

做法

❶ 将银耳泡发，洗净，撕成小朵；莲子去莲子心、黑枣去核，均洗净备用；香菇洗净，切薄片；天冬洗净。

❷ 锅中倒水，放入做法❶的食材，大火煮沸，加枸杞子转小火煲30分钟，最后加盐调味即可。

适宜人群

本品适宜皮肤干燥粗糙、心烦失眠、肺燥干咳、津伤口渴、内热消渴、阴虚发热、肠燥便秘者，以及口腔溃疡、糖尿病患者食用。

补脾健胃 + 滋阴降压

牛奶水果银耳汤

原料

牛奶300毫升，银耳20克，猕猴桃1个，圣女果5颗。

做法

❶ 银耳用清水泡软，去蒂，切成细丁，加入牛奶中，以中小火边煮边搅拌，煮至熟软，熄火待凉装碗。

❷ 圣女果洗净，切成两半；猕猴桃削皮，切丁备用。

❸ 将做法❶和做法❷的食材放入碗中，拌匀即可食用。

适宜人群

本品一般人群皆可食用。尤其适合胃阴亏虚、食欲不振、少气懒言者，高血压患者，皮肤干燥暗黄者，咽干口燥者，前列腺炎患者，以及便秘者食用。

清肝泻火 + 滋阴润燥

赤芍银耳饮

原料

赤芍、柴胡、黄芩、夏枯草、麦冬各5克，牡丹皮、玄参各3克，梨1个，罐头银耳300克，白糖120克，水适量。

做法

❶ 将所有药材洗净；梨洗净，去皮，切块。

❷ 锅中加所有药材和水煎煮成药汁，去渣取汁后加入梨块、罐头银耳、白糖，煮沸即可。

适宜人群

本品适宜肝火旺盛所致的目赤肿痛、烦躁易怒、头晕头痛者，肺热所致的干咳、咯血、咽喉干燥、鼻干口渴者，以及胃热所致的口臭、便秘、口舌生疮、面生痤疮、胃灼烧者食用。

赤芍
清热凉血、散瘀止痛

滋阴润肺 + 美容养颜

银耳木瓜羹

原料

西米100克，银耳20克，木瓜200克，红枣10克，白糖、水各适量。

做法

❶ 西米泡发，洗净；木瓜去皮、瓤，切块；银耳泡发，洗净，摘成小朵；红枣洗净，去核。

❷ 锅中下入做法❶中的食材，加水，大火煮沸，转小火煲30分钟，加入白糖调味即可。

适宜人群

本品适宜高血压病、高脂血症、糖尿病（不加白糖）、慢性萎缩性胃炎、慢性肾炎、痛风患者食用。

养阴润肺 + 生津止渴

银耳橘子汤

原料

银耳50克，橘子100克，冰糖、水各适量。

做法

❶ 银耳洗净，清水泡发后沥干，撕成小朵。

❷ 橘子去皮，取果肉，和银耳一起放入电饭煲中。

❸ 往电饭煲中加水，加入冰糖，用煮饭挡煮至跳挡后即可盛出食用。

适宜人群

本品适宜老年人、皮肤粗糙的女性食用。

黄芪

【补气固表，利水消肿】

黄芪富含多种氨基酸，以及钾、钙、钠、镁、铜、硒、蔗糖等成分。黄芪有增强机体免疫力、保肝、利尿、抗衰老、抗应激、降压和较广泛的抗菌作用，是最佳的补中益气药之一。

营养成分

黄芪皂苷	黄芪多糖
氨基酸	蛋白质
核黄素	叶酸
维生素D	β-谷甾醇
胡萝卜苷	咖啡酸

煲汤适用量：9~30克。

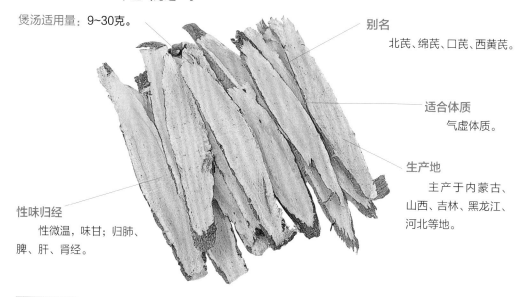

别名

北芪、绵芪、口芪、西黄芪。

适合体质

气虚体质。

生产地

主产于内蒙古、山西、吉林、黑龙江、河北等地。

性味归经

性微温，味甘；归肺、脾、肝、肾经。

选购技巧

真黄芪呈淡棕色或黄色，圆锥形，上短粗下渐细，长20~120厘米，表面有皱纹及横向皮孔，质坚韧；断面呈纤维状，显粉性，皮部黄色，木质部黄色且有放射状纹理；味微甜，嚼之有豆腥味。假黄芪外形亦呈圆锥形，但个体均较小，长5~50厘米；近似棕色或深棕色；纵纹及皮孔多不全或缺少皮孔，有的根部有分叉；质或坚或韧或脆；断面多呈纤维状或刺状；味或淡而甜有豆腥味，或微甜无豆腥味，或苦伴很浓的豆腥味，或有刺激性的味道。

煲汤好搭档

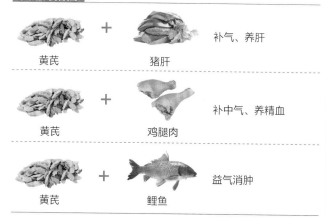

黄芪 + 猪肝		补气、养肝
黄芪 + 鸡腿肉		补中气、养精血
黄芪 + 鲤鱼		益气消肿

《本草求真》：入肺补气，入表实卫，为补气诸药之最。

小贴士

黄芪味甘，性微温。气薄味厚，可升可降，属阴中阳药，入手足太阴经气分，又入手少阳、足少阴命门。

黄芪治妇人子宫邪气，逐五脏间恶血，补男子虚损，五劳消瘦，止渴，腹痛泻痢。可益气，利阴气。

黄芪益气壮筋骨，生肌补血，破症瘕。治疗痈瘰瘤，肠风血崩，带下，赤白下痢，产前后一切病，月经不调，痰咳，头痛，热毒赤目。

補气养血 + 养肝明目

黄芪枸杞子猪肝汤

原料

猪肝300克，党参15克，黄芪、枸杞子各10克，盐、水各适量。

做法

❶ 猪肝洗净，切片。

❷ 党参、黄芪洗净，入锅，加水以大火煮沸，转小火熬高汤。

❸ 熬20分钟后转中火，放入枸杞子煮3分钟，然后放入猪肝片，待水再沸后，加盐调味即可。

适宜人群

本品适宜气血亏虚、产后体虚、产后缺乳者，肝肾不足所致两目昏花、头晕者，白内障患者，以及内脏下垂、食欲不振、乏力困倦者食用。

健脾益胃 + 升举内脏

猪肚黄芪枸杞子汤

原料

猪肚300克，黄芪、枸杞子、姜各10克，盐、淀粉、鸡精、水各适量。

做法

❶ 猪肚用盐、淀粉搓洗干净，切小块；黄芪、枸杞子、姜洗净，姜去皮，切片。

❷ 猪肚块汆水至收缩后取出，用冷水浸洗。

❸ 将做法❶和做法❷的食材放入砂煲内，加水，大火煮沸后转小火煲，2小时后调入盐、鸡精即可。

适宜人群

本品适宜脾胃气虚引起的神疲乏力、面色无华、食少便溏、表虚自汗者，内脏下垂者，以及产后或病后体虚者食用。

黄芪骨头汤

原料

腔骨250克，黄芪、酸枣仁、枸杞子各10克，盐、色拉油、味精、葱花、姜片、水各适量。

做法

❶ 腔骨洗净，切块，氽水；黄芪、酸枣仁、枸杞子均用温水洗净。

❷ 姜片入油锅爆出香味，下腔骨块，煸炒几下，倒入水，下黄芪、酸枣仁、枸杞子，调入盐、味精，煲至熟撒上葱花即可。

适宜人群

本品适宜气血亏虚引起的心悸失眠、记忆衰退、心肌缺血、营养不良、贫血、低血压者食用。

益气补虚 + 强身健体

黄芪牛肉汤

原料

牛肉400克，黄芪10克，枸杞子10克，葱段、香菜各20克，盐、水各适量。

做法

❶ 牛肉洗净，切块，入沸水锅中氽烫；香菜择洗干净，切段；黄芪、枸杞子用温水洗净。

❷ 净锅入水，下牛肉块、黄芪、枸杞子煲至熟，撒入葱段、香菜段、盐即可。

适宜人群

本品适宜产后或病后体虚者，脾胃气虚引起的神疲乏力、面色无华、食少便溏、自汗及低血压、贫血、营养不良者食用。

灵芝

【补气安神，止咳平喘】

灵芝是中国传统珍贵药材，具备很高的药用价值。灵芝自古以来就被认为是吉祥、富贵、美好、长寿的象征，有"仙草""瑞草"之称，被视为滋补强壮、固本扶正的珍贵中草药。

煲汤适用量：6~12克。

营养成分

树脂	内酯
有机酸	多糖类
多糖醇	脂肪酸
甘露醇	生物碱
香豆精	麦角甾醇

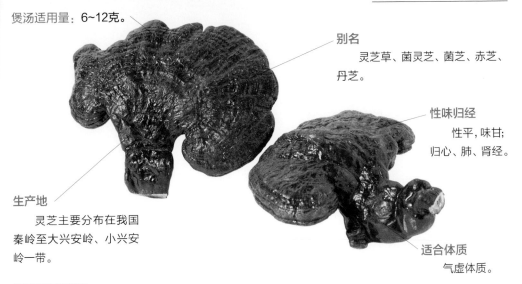

别名

灵芝草、菌灵芝、菌芝、赤芝、丹芝。

性味归经

性平，味甘；归心、肺、肾经。

生产地

灵芝主要分布在我国秦岭至大兴安岭、小兴安岭一带。

适合体质

气虚体质。

选购与保存

灵芝可从其形体、色泽、厚薄比重上判别好坏。好的灵芝柄短、肉厚，菌盖的背部或底部用放大镜观察，能看到管孔部位呈淡黄色或金黄色。

新鲜的灵芝可以直接食用，但保存期很短。灵芝采收后，去掉表面的泥沙及灰尘，自然晾干或烘干，将水分控制在13%以下，然后用密封的袋子包裹，放在阴凉、干燥处保存。市场上散装的灵芝，在使用前最好清洗干净；保存时应置于干燥处，以防霉、防蛀。

煲汤好搭档

灵芝	+ 胡萝卜	健脾养胃
灵芝	+ 红枣	补气养血
灵芝	+ 乌鸡	延缓衰老
灵芝	+ 枸杞子	增强免疫力

《本草纲目》：（灵芝主）胸中结，益心气，补中，增智慧，不忘，久食，轻身不老，延年神仙。

小贴士

紫芝主耳聋，利关节，保神，益精气，坚筋骨，好颜色。久服，轻身不老延年。

灵芝可养心安神，补肺益肝。适用于血不养心、心悸、失眠、健忘、肺虚咳喘、日久不愈，以及肝炎恢复期、神疲纳呆等症。

益智补脑 + 补肾延年
灵芝核桃仁乳鸽汤

原料
乳鸽1只，党参、核桃仁各20克，灵芝10克，蜜枣5颗，盐、水各适量。

做法
❶ 将核桃仁、党参、灵芝、蜜枣分别用水洗净。

❷ 将乳鸽去内脏，洗净，切块，氽去血水。

❸ 锅中加水，大火煮沸，放入乳鸽块、党参、核桃仁、灵芝、蜜枣，改用小火煲3小时，加盐调味即可。

适宜人群
本品适宜体质虚弱、记忆力衰退、心悸失眠、肾虚阳痿、神疲乏力、肺虚咳喘，以及病后或产后贫血者食用。

益气补虚 + 养心安神
灵芝茯苓甲鱼汤

原料
甲鱼1只，灵芝6克，茯苓25克，山药8克，姜10克，盐、味精、水各适量。

做法
❶ 甲鱼置于冷水锅内，小火加热至沸，将甲鱼壳破开，去头和内脏；灵芝洗净，切块；山药洗净，去皮，切块；姜去皮，切片；茯苓洗净。

❷ 将甲鱼、灵芝块、山药块、姜片、茯苓放入瓦煲内，加水，以大火煮沸，转小火煲2小时，最后调入盐和味精即可。

适宜人群
本品适宜更年期女性，失眠、心律失常、体质虚弱、自汗、盗汗、肺虚咳喘、脾虚食欲不振者，以及病后或产后贫血者食用。

当归

【和血通络，调经止痛】

当归被视为上乘的药材和营养补品，人们经常把它加进汤水之中烹煮以增加营养。当归也是治疗妇科疾病的要药。

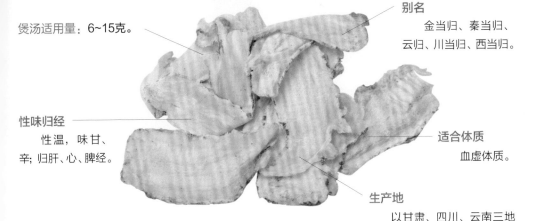

营养成分

正丁烯	当归酮
阿魏酸	氨基酸
内酯	烟酸
蔗糖	多糖
锰	锌

别名
金当归、秦当归、云归、川当归、西当归。

煲汤适用量：6~15克。

性味归经
性温，味甘、辛；归肝、心、脾经。

适合体质
血虚体质。

生产地
以甘肃、四川、云南三地生产较多，其他地区也有栽培。

选购与保存

一看颜色。不要选择颜色金黄的当归，要选择土棕色或黑褐色的当归，因为金黄色的当归一般都经过了硫熏。

二看外形。当归的根略呈圆柱形，根头（归头）略膨大，下部有5~10根股子，当归头大、股子少说明是较好的品种。

三看硬度。当归质较柔韧，断面为黄白色或淡黄色，有棕色油室；不要选择太干的当归。

当归的保存较为简单，置于阴凉、干燥处，即可防潮、防蛀。

煲汤好搭档

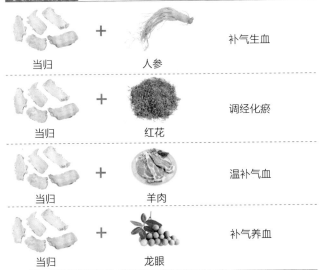

当归 + 人参	补气生血	
当归 + 红花	调经化瘀	
当归 + 羊肉	温补气血	
当归 + 龙眼	补气养血	

> 《本草纲目》：当归调血，为女人要药，有思夫之意，故有当归之名。

小贴士

当归对补血大有裨益，有"血家百病此药通"的美誉，常与熟地黄、白芍等配伍，如四物汤。

本品为补血要药、妇科要药，有"妇科圣药"之称，常与姜、桂枝、白芍等同用，如当归建中汤。

本品用于补血、润肠通便时，常与肉苁蓉、牛膝等同用。

益气补血 + 滋阴补虚
当归猪皮汤

原料
红枣、当归、龙眼肉、水各适量，猪皮500克，盐5克。

做法
❶ 红枣洗净，去核；当归、龙眼肉洗净。

❷ 猪皮洗净，切块，汆水。

❸ 砂锅内加水，水沸后加入猪皮块、红枣、当归、龙眼肉，大火煮沸后转小火煲3小时，调入盐即可。

适宜人群
本品适宜气血不足、月经不调、虚寒腹痛、阴虚心烦、血虚萎黄、肠燥便秘者，以及风湿痹痛患者食用。

补血活血 + 祛风止痒
当归乳鸽汤

原料
当归、山楂片、白鲜皮、白蒺藜各10克，乳鸽1只，盐、味精、水各适量。

做法
❶ 乳鸽处理干净，斩成小块。

❷ 将当归、白鲜皮、白蒺藜洗净，与山楂片一起放入锅中，加水，大火煮开后转小火，煮至汁浓备用。

❸ 将乳鸽块加入药汁内，以中火煲1小时，加盐、味精调味即可。

适宜人群
本品适宜爱美女士，产后妇女，皮肤粗糙暗黄、皮肤瘙痒、贫血、肾虚腰痛、血瘀腹痛、肝郁血虚者，以及盆腔炎患者食用。

人参

【大补元气，补脾益肺，安神益智】

人参含有氨基酸、维生素B_1、维生素B_2、钙、磷、钾、钠、铁等成分；其自古以来就拥有"百草药王"的美誉，更被誉为"大补元气，扶正固本"之极品。

营养成分

铜	锌
烟酸	叶酸
柠檬酸	苹果酸
人参皂苷	延胡索酸
维生素B_1	维生素B_2

煲汤适用量：3~15克。

适合体质

气虚体质。

性味归经

性微温，味甘、微苦；归脾、肺、心经。

别名

棒槌、山参、园参、人衔、鬼盖、神草、地精、土精。

生产地

多分布于辽宁东部、吉林东半部和黑龙江东部。

选购技巧

一看形态。人参呈长条状，且参根下部有分支，略似"人"形，通常其上部主根和下部的分支根大致等长，一般主根长的、粗壮的较好。

二看色泽。无论哪一种人参，其外观色泽都应鲜亮均匀，不应晦暗，外皮应具有其特有的皱纹。

三尝味道。嚼过人参后将口内的唾液徐徐咽下，以苦甘之回味浓者为佳。

四闻气味。人参香气比较浓郁，不应有其他异味。

《神农本草经》： 主补五脏，安精神，定魂魄，止惊悸，除邪气，明目，开心益智，久服轻身延年。

煲汤好搭档

人参	+	山药	补气健脾
人参	+	鸡肉	益气填精
人参	+	莲子	补气健脾

小贴士

人参治胃肠虚冷，心腹胀痛，胸胁逆满，霍乱吐逆。能调中，止消渴，通血脉，破积，增强记忆力。

人参主治五劳七伤，虚损瘦弱，止呕哕，补五脏六腑，保中守神。消胸中痰，治肺痿及痢疾，冷气逆上，伤寒不下食，凡体虚、梦多而杂乱者宜食用人参。

人参消食开胃，调中治气，杀金石药毒。

益气补虚 + 补益肝肾

鲜人参煲乳鸽

原料

乳鸽1只，鲜人参8克，红枣10颗，姜5克，盐3克，水适量。

做法

❶ 乳鸽处理干净，汆去血水；鲜人参、红枣洗净；姜洗净，切片。

❷ 将乳鸽、鲜人参、红枣、姜片一起装入煲中，加水，大火煲2小时，最后加盐调味即可。

适宜人群

本品适宜宫寒不孕、肾虚阳痿遗精、大病后体虚欲脱、脾虚食少、肺虚喘咳、贫血、营养不良者食用。

补气养血 + 滋阴补肾

人参鹌鹑蛋汤

原料

人参8克，鹌鹑蛋10个，黄精10克，陈皮3克，盐、白糖、食用油、味精、高汤各适量。

做法

❶ 将人参、黄精洗净，煎汁。

❷ 鹌鹑蛋煮熟去壳，一半用陈皮、盐、味精腌渍10分钟，一半用食用油炸成金黄色。

❸ 把高汤、白糖、味精兑成汁，再将鹌鹑蛋同兑好的汁和水一起下入药锅，煮15分钟即可。

适宜人群

本品适宜失眠多梦、腰膝酸软、倦怠乏力者食用。

鹌鹑蛋
补气益血、强身健体

党参

【补中益气，生津止渴】

党参含有葡萄糖、果糖、菊糖、蔗糖、磷酸盐和多种氨基酸，以及钾、钠、镁、锌、铜、铁等多种矿物质。党参为中国常用的传统补益药，是补气血不足者之上品。

营养成分

铁	锌
铜	锰
糖类	酚类
甾醇	挥发油
苏氨酸	丝氨酸
维生素B$_1$	维生素B$_2$

煲汤适用量：9~30克。

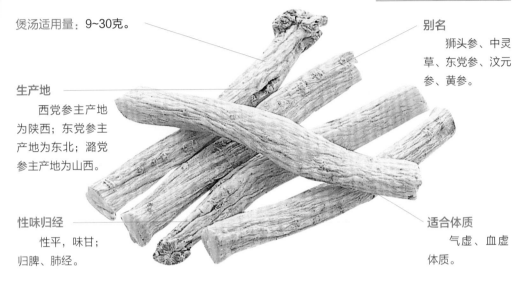

别名

狮头参、中灵草、东党参、汶元参、黄参。

生产地

西党参主产地为陕西；东党参主产地为东北；潞党参主产地为山西。

性味归经

性平，味甘；归脾、肺经。

适合体质

气虚、血虚体质。

选购与保存

各种党参中以野生党参为最优。西党参以根条肥大、粗实、皮紧、横纹多、味甜者为佳；东党参以根条肥大、外皮黄色、皮紧肉实、皱纹多者为佳；潞党参以独支不分叉、色白、肥壮粗长者为佳。

党参所含糖分及黏液质比较多，在高温和高湿的环境下极易变软发黏、霉变和被虫蛀。储藏前要充分晾晒党参，然后用纸包好装入干净的密封袋内，置于通风、干燥处或放于冰箱内保存。

煲汤好搭档

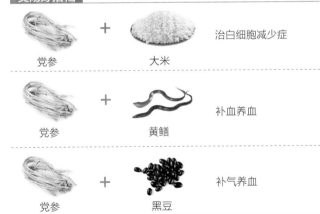

党参 ＋ 大米	治白细胞减少症	
党参 ＋ 黄鳝	补血养血	
党参 ＋ 黑豆	补气养血	

《本草从新》：补中益气，和脾胃，除烦渴。中气微虚，用以调补，甚为平安。

小贴士

党参可补养中气，调和脾胃。得黄芪实卫，配石莲止痢，君当归活血，佐枣仁补心。补肺，蜜拌蒸熟；补脾，恐其气滞，加桑皮数分，或加广皮亦可。气滞，怒火盛者禁用。

党参可补脾养胃，健运中州。适用于中气不足、身倦肢乏食少等症，可补中气，有健脾胃之功。

党参可补中益气，和脾胃，性味重浊，滞而不灵。止可调理常病，若遇重症断难恃以为治。

益智补脑 + 补益气血
枸杞子党参鱼头汤

原料

鱼头1个，山药片、党参各20克，红枣、枸杞子各15克，盐、胡椒粉、油、水各少许。

做法

❶ 鱼头洗净，剖成两半，下入热油锅稍煎；山药片、党参、红枣均洗净；枸杞子洗净，泡发。

❷ 汤锅内加水，用大火煮沸，放入鱼头煲至汤汁呈乳白色。

❸ 加入山药片、党参、红枣、枸杞子，用中火继续煲1小时，加盐、胡椒粉调味即可。

适宜人群

本品适宜老年人，以及神经衰弱、记忆力衰退、体质虚弱者食用。

益胃生津 + 健脾益气
党参麦冬猪肉汤

原料

猪瘦肉300克，党参15克，麦冬10克，盐4克，鸡精3克，姜、山药、水各适量。

做法

❶ 猪瘦肉洗净，切块，氽去血水；党参、麦冬均洗净；山药洗净，去皮，切块；姜洗净，去皮，切片。

❷ 锅中加入水烧沸，放入猪瘦肉块、党参、麦冬、山药块、姜片，用大火煲，待山药块变软后转小火煲至熟烂，加入盐和鸡精调味即可。

适宜人群

本品适宜脾胃虚弱、食欲不振、少气懒言、体质虚弱、贫血、气虚或阴虚便秘者食用。

麦冬
养阴生津、润肺清心

益气补虚 + 升托内脏

党参山药猪肚汤

原料

猪肚250克，党参、山药各20克，盐6克，黄芪5克，枸杞子、姜片、水各适量。

做法

❶ 猪肚洗净，氽烫，切条；党参、黄芪、枸杞子洗净；山药洗净，去皮，切片。

❷ 将猪肚条、党参、山药片、黄芪、枸杞子和姜片放入砂煲，加水没过原料，大火煮沸，转小火煲3小时，加盐调味即可。

适宜人群

本品适宜气虚所致的内脏下垂（胃下垂、子宫脱垂等）患者，面色无华、神疲乏力、气虚自汗、食欲不振、便稀腹泻者，以及营养不良、贫血、低血压者食用。

益气养血 + 补肾壮骨

山药党参鹌鹑汤

原料

鹌鹑1只，党参、山药各20克，枸杞子10克，盐、水各适量。

做法

❶ 鹌鹑去内脏，洗净；党参、枸杞子均洗净备用；山药洗净，去皮，切片。

❷ 锅中注入水烧开，放入鹌鹑氽去血水，捞出洗净。

❸ 炖盅注水，放入鹌鹑、党参、山药片、枸杞子，大火煮沸后转小火煲3小时，加盐调味即可。

适宜人群

本品适宜脾肾气虚引起的神疲乏力、食欲不振、面色无华、腰膝酸软、肾虚阳痿、遗精早泄、贫血、内脏下垂、慢性腹泻者食用。

补气健脾 + 强壮筋骨

党参豆芽尾骨汤

原料

黄豆芽100克，猪尾骨1副，西红柿1个，盐4克，党参、水各适量。

做法

❶ 猪尾骨洗净，切段，汆烫后捞出，再冲洗。

❷ 黄豆芽冲洗干净；西红柿洗净，切块。

❸ 将猪尾骨段、黄豆芽、西红柿块和党参放入锅中，加水，大火煮沸，转小火煲30分钟，加盐调味即可。

适宜人群

本品适宜脾肺虚弱、气短心悸、食少便溏、虚喘咳嗽、筋骨无力、腰膝酸软者食用。

豆芽

清热利湿、消肿除痹

益气生津 + 滋阴润燥

党参玉竹蛤蜊汤

原料

蛤蜊350克，党参20克，玉竹5克，姜、盐、黄酒、水各适量。

做法

❶ 党参洗净，切段；姜洗净，切片；蛤蜊洗净，放入沸水中汆烫至开壳。

❷ 将蛤蜊、党参段、玉竹、姜片放入煲内，加水，大火煮沸，转小火煲1小时，加入黄酒，再煲10分钟，调入盐即可。

适宜人群

本品适宜气阴两虚所致的高血压病、高脂血症患者，以及久咳咯血、慢性咽炎、皮肤干燥、老年性气虚便秘、病后体虚者食用。

玉竹

养阴润燥、生津止渴

熟地黄

【滋阴补血，填精益髓】

地黄依照炮制方法，在药材上分为生地黄与熟地黄。生地黄为清热凉血药；熟地黄则为补益药。地黄初夏开花，花大、数朵，呈淡红紫色，具有较好的观赏性。

营养成分

挥发油	香豆素
生物碱	三萜酸
豆甾醇	谷甾醇
淀粉	地黄素

煲汤适用量：5~30克。

性味归经
性微温，味甘；归肝、肾经。

适合体质
血虚、阴虚体质。

生产地
我国大部分地区均产，主产于福建、河北、辽宁等地。

别名
伏地。

山珍药材靓汤

选购与保存

熟地黄一般不分等级。选购熟地黄时，以个大、体重、质柔软油润、断面乌黑、味甜者为佳。熟地黄多呈不规则的圆形或长圆形，中间膨大，两头稍尖；有的细小，呈长条状，稍扁平而扭曲。熟地黄一般长6~12厘米，直径3~6厘米，表面乌黑色，有光泽，有黏性，断面软润，中心部位往往可见光亮的油脂状块，黏性大，质柔软，味甜。

熟地黄的储存比较简单，一般放于阴凉、干燥、通风处即可。

《本草纲目》：地黄生则大寒而凉血，血热者须用之；熟则微温而补肾，血衰者须用之。

煲汤好搭档

 + 治疗肝肾阴虚

熟地黄　　　　山药

 + 补益肝肾

熟地黄　　　　枸杞子

 + 养血补心

熟地黄　　　　鸡肝

小贴士

熟地黄能填骨髓，长肌肉，生精补血，补益五脏内伤虚损不足，通血脉，利耳目，黑须发，治男子五劳七伤，女子伤中气、子宫出血、月经不调、产前产后百病。

熟地黄能补血气，滋肾水，益真阴，去脐腹急痛。病后胫股酸痛，不能久坐。

熟地黄性微温而补肾，用于血衰者。另外，脐下疼痛属肾经，非熟地黄不能除，是通肾的良药。

139

滋补肝肾 + 养肝明目

蝉花熟地黄猪肝汤

原料

蝉花10克，熟地黄12克，猪肝180克，红枣6颗，盐6克，姜、淀粉、胡椒粉、香油、水各适量。

做法

❶ 蝉花、熟地黄、红枣分别洗净；猪肝洗净，切薄片，加淀粉、胡椒粉、香油腌渍片刻；姜洗净，去皮，切片。

❷ 将蝉花、熟地黄、红枣、姜片和水一起放入瓦煲内，大火煮沸后转为中火煲2小时，放入猪肝片煮熟，加盐调味即可。

适宜人群

本品适宜肝肾不足引起的两目昏花、头晕耳鸣者，贫血者，以及阴虚潮热盗汗者食用。

滋补肝肾 + 软坚散结

毛桃根熟地黄甲鱼汤

原料

甲鱼1只，熟地黄20克，五指毛桃、枸杞子各10克，盐、水各适量。

做法

❶ 五指毛桃、熟地黄、枸杞子均洗净，浸水10分钟。

❷ 甲鱼收拾干净，切块，氽水。

❸ 将五指毛桃、熟地黄、枸杞子放入砂锅，加水，大火煮沸，下甲鱼块，用小火煲4小时，加盐调味即可。

适宜人群

本品适宜肝肾阴虚引起的遗精、盗汗、五心烦热、腰膝酸软者，以及更年期综合征、癌症患者食用。

清热凉血 + 调节血压

金针菇地黄鲜藕汤

原料

金针菇150克，鲜藕200克，熟地黄、葛根粉各10克，盐3克，水适量。

做法

❶ 金针菇用清水洗净后，捞起沥干；熟地黄洗净备用。

❷ 鲜藕洗净，削皮，切块，放入锅中，加水，再放入熟地黄，以大火煮开，转小火煲20分钟。

❸ 加入金针菇，煮3分钟，倒入葛根粉勾芡，起锅前加盐调味即可。

适宜人群

本品适宜高血压病、高脂血症、糖尿病、尿路感染患者，以及咽干口燥者食用。

金针菇
补肝肾、益肠胃

滋阴润燥 + 调节血糖

麦冬地黄脊骨汤

原料

猪脊骨250克，天冬、麦冬各10克，熟地黄、生地黄各15克，盐、味精、水各适量。

做法

❶ 天冬、麦冬、熟地黄、生地黄洗净。

❷ 猪脊骨剁块，汆水，捞出洗净，沥干备用。

❸ 把猪脊骨块、天冬、麦冬、熟地黄、生地黄放入炖盅，加开水，盖好盖，用小火隔水炖3小时，调入盐和味精即可。

适宜人群

本品适宜阴虚干咳咯血者，热病津伤、潮热盗汗者，阴虚便秘患者，以及胃阴亏虚、胃热、胃灼烧者食用。

北沙参

【养阴润肺，益胃生津】

北沙参含有挥发油、香豆素、淀粉、生物碱、三萜酸、豆甾醇、β-谷甾醇、沙参素等成分。北沙参是滋阴的常用良药。

营养成分

挥发油	香豆素
生物碱	三萜酸
豆甾醇	β-谷甾醇
沙参素	淀粉

煲汤适用量：5~25克。

性味归经
性微寒，味甘、微苦；归胃、肺经。

适合体质
阴虚体质。

别名
海沙参、银条参、莱阳参、辽沙参、野香菜根。

生产地
主产于山东、河北、辽宁等地。

《本草纲目》：沙参甘淡而寒，其体清轻虚，专补肺气，因而益脾与肾，故金能受火克者宜之。

选购与保存

北沙参为细圆柱小段，表面呈淡黄白色，偶有残存的外皮，略粗糙，有纵皱纹及棕黄色点状细根痕。切面皮部呈浅黄白色，木部呈黄色。质脆。

放在干燥容器内，密封，置通风干燥处，防蛀。

小贴士

北沙参有养阴润肺、益胃生津之效，多用于阴虚肺燥或热伤肺阴所致的干咳痰少、咽喉干燥等。北沙参可单用，复方中常与麦冬、天花粉等配伍，如沙参麦冬汤；也用于热伤胃阴或阴虚津亏所致的口干咽燥、舌红少苔、大便干结等。北沙参通常与麦冬、玉竹等益胃生津药同用。

南沙参性味、功用与北沙参相似，但效力较弱，还有祛痰、补气的作用，多用于治疗肺燥咳嗽及温热病后气液不足。

煲汤好搭档

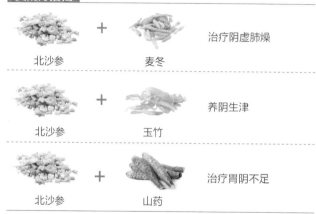

北沙参	+ 麦冬	治疗阴虚肺燥
北沙参	+ 玉竹	养阴生津
北沙参	+ 山药	治疗胃阴不足

养心润肺 + 健脾止泻

沙参莲子猪肚汤

原料

猪肚半个，北沙参25克，莲子、茯苓、芡实、薏米各100克，盐5克，水适量。

做法

① 猪肚洗净，氽烫，切块。

② 芡实、薏米洗净，泡发沥干；莲子、北沙参、茯苓洗净，莲子去心。

③ 将除盐和莲子外的其他原料放入煮锅，煮沸后转小火煮30分钟，再加入莲子，待猪肚块熟烂，加盐调味即可。

适宜人群

本品适宜体质虚弱、肺虚咳嗽气喘、阴虚干咳咯血、脾胃虚弱腹泻、自汗盗汗者，以及慢性咽炎、糖尿病、癌症患者食用。

莲子
补脾止泻、养心安神

山珍药材靓汤

滋阴润肺 + 美容养颜

沙参百合汤

原料

莲子20克，百合15克，北沙参、玉竹、龙眼肉各10克，枸杞子12克，蜂蜜、水各适量。

做法

① 北沙参、玉竹、枸杞子、百合、龙眼肉均洗净；莲子洗净，去莲子心。

② 将除蜂蜜外的所有原料放入煲中，大火煮沸，转小火煲1.5小时即可关火，稍后加入蜂蜜搅拌均匀即可。

适宜人群

本品适宜阴虚体质、皮肤干燥粗糙暗黄、心悸失眠、贫血、阴虚干咳、咽干口燥、肠燥便秘者食用。

143

养阴润肺 + 清心安神
沙参百合莲子汤

原料

枸杞子、莲子各10克，新鲜百合30克，葱花3克，冰糖、北沙参、水各适量。

做法

❶ 新鲜百合、北沙参、枸杞子、莲子均洗净，莲子去心。

❷ 北沙参、枸杞子、莲子放入煮锅，加水，煮40分钟，至汤汁变稠，加入剥瓣的百合煮5分钟，待汤味醇香时，加冰糖煮至溶化，撒入葱花即可。

适宜人群

本品适宜阴虚干咳咯血、咽干口燥者，贫血者，心悸失眠者，皮肤干燥粗糙暗黄者，以及肠燥便秘者食用。

滋阴益胃 + 益气补虚
玉竹沙参鹌鹑汤

原料

鹌鹑1只，猪瘦肉50克，玉竹8克，北沙参、百合各6克，姜片、料酒、盐、味精、开水各适量。

做法

❶ 玉竹、百合、北沙参用温水浸透，洗净。

❷ 鹌鹑洗干净，去其头、爪、内脏，切块；猪瘦肉洗净，切块。

❸ 将鹌鹑块、猪瘦肉块、玉竹、北沙参、百合、姜片、料酒置于煲内，加开水，用大火煲30分钟，转小火煲1小时，加盐、味精调味即可。

适宜人群

本品适宜肺虚咳嗽气喘者，阴虚干咳咯血者，以及体质虚弱、抵抗力差者食用。

鹌鹑
补益肝肾、益气补虚

144

川贝

【止咳化痰，清热润肺】

川贝含有甾体生物碱、西贝素等成分。川贝是润肺止咳的名贵中药材，应用历史悠久，疗效卓著，驰名中外。

煲汤适用量：5~10克。

别名

松贝母、乌花贝母。

适合体质

痰湿偏热体质。

生产地

主产于西藏南部和东部、云南西北部、四川西部。

性味归经

性微寒，味苦、甘；归肺、心经。

选购与保存

正品川贝呈类圆锥形或近球形，高0.3~0.8厘米，直径0.3~0.9厘米，表面类白色；外层鳞叶两瓣，大小悬殊，大瓣紧抱小瓣，未抱部分呈新月形，顶部闭合，内有类圆柱形、顶端稍尖的心芽和小鳞叶1~2枚；前端钝圆或稍尖，底部平，微凹入；质硬而脆，断面白色，富粉性，气微。川贝以质坚实、粉性足、色白者为佳。

川贝置于通风、干燥处保存即可。

《本草纲目》：（川贝主）伤寒烦热，淋沥邪气，疝瘕，喉痹，乳难，金疮风痉。

煲汤好搭档

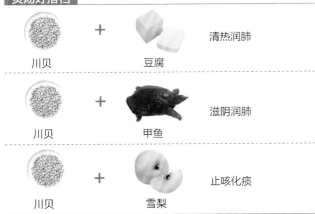

川贝 + 豆腐　　清热润肺

川贝 + 甲鱼　　滋阴润肺

川贝 + 雪梨　　止咳化痰

小贴士

川贝所含的生物碱在量少时能使机体血压上升，量大时又可降低血压。

川贝有助于血糖的升高，对低血糖引起的头晕眼花、手足发麻等症有缓解作用。

川贝中的醇提取物对大肠杆菌及金黄色葡萄球菌的生长繁殖有明显的抑制作用。

益气养阴 + 止咳化痰

海底椰参贝猪肉汤

原料

海底椰150克，西洋参、川贝各10克，猪瘦肉400克，蜜枣2颗，盐2克，开水700毫升。

做法

❶ 海底椰、西洋参、川贝均洗净。

❷ 猪瘦肉洗净，切块，汆水；蜜枣洗净。

❸ 将猪瘦肉块、海底椰、西洋参、川贝、蜜枣放入煲内，倒入开水，加盖，煲4小时，加盐调味即可。

适宜人群

本品适宜阴虚干咳咯血者，肺热咳吐黄痰者，咽干口渴者，暑热汗出过多而体虚者，慢性咽炎患者，以及阴虚便秘、皮肤干燥粗糙者食用。

西洋参
补气养阴、清热生津

润肺止咳 + 益气补虚

海底椰贝杏鹌鹑汤

原料

鹌鹑1只，川贝、杏仁、蜜枣、枸杞子、海底椰、水各适量，盐3克。

做法

❶ 鹌鹑处理干净；川贝、杏仁均洗净；蜜枣、枸杞子均洗净，泡发；海底椰洗净，切薄片。

❷ 鹌鹑汆去血水，捞起洗净。

❸ 瓦煲内加水，放入做法❶和做法❷的材料，大火煮沸，转小火煲3小时，加盐调味即可。

适宜人群

本品适宜肺虚哮喘、咳嗽、咳痰者，体质虚弱、神疲乏力者，小儿肺炎、百日咳患者，慢性咽炎患者，气虚或阴虚便秘者食用。

清热化痰 + 润肺止咳

川贝豆腐汤

原料

豆腐300克，川贝25克，蒲公英 20克，冰糖适量。

做法

❶ 冰糖打成粉碎状；豆腐切块；蒲公英洗净，煎取药汁备用。

❷ 豆腐块放炖盅内，上放川贝、药汁、冰糖，盖好盖，隔水小火炖1小时即可。

适宜人群

本品适宜慢性支气管炎、支气管哮喘患者食用。

浮小麦

【固表止汗，益气除热】

浮小麦为禾本科植物小麦干瘪轻浮的颖果，含淀粉、蛋白质、糖类、脂肪、粗纤维、淀粉酶及B族维生素、维生素E等。浮小麦是止汗、镇静、抗利尿的良药。

营养成分（以100克为例）

碳水化合物	75.2克
蛋白质	11.9克
磷	325毫克
钙	34毫克
铁	5.1毫克

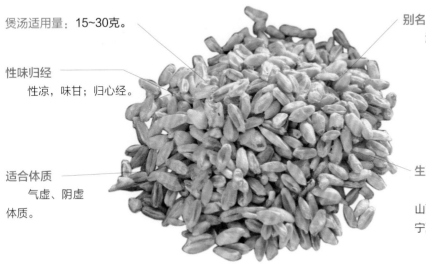

煲汤适用量： 15~30克。

性味归经
性凉，味甘；归心经。

适合体质
气虚、阴虚体质。

别名
浮水麦、浮麦。

生产地
河南、河北、山西、甘肃、青海、宁夏、新疆等地。

选购与保存

表面黄色，质硬，断面白色，呈粉性，气弱，味淡。以粒均匀、轻浮、无杂质者为佳。

将浮小麦晒干，放入冰箱冷藏，也可冷冻杀虫；浮小麦量大的话，冷冻、暴晒或熏蒸杀虫确保无虫后，密闭放在阴凉处即可。

煲汤好搭档

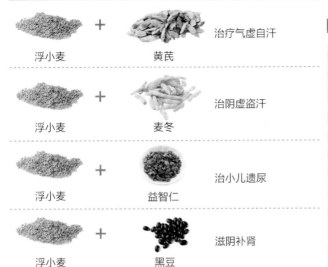

浮小麦	+ 黄芪	治疗气虚自汗
浮小麦	+ 麦冬	治阴虚盗汗
浮小麦	+ 益智仁	治小儿遗尿
浮小麦	+ 黑豆	滋阴补肾

《本草纲目》：益气除热，止自汗、盗汗，骨蒸虚热、妇人劳热。

小贴士

治疗气虚自汗者，可与黄芪、煅牡蛎、麻黄根等同用，如牡蛎散；治疗阴虚发热、骨蒸劳热等，常与玄参、麦冬、生地黄、地骨皮等同用；用于抗利尿，治疗小儿遗尿，与桑螵蛸、益智仁等配伍，疗效较好。浮小麦含有丰富的维生素 B_1 和蛋白质，有治疗脚气病、末梢神经炎的功效。多用于治疗各种虚汗、盗汗，单用虽有效，但搭配麻黄根效果更佳。

益气止汗 + 清心安神

浮小麦莲子黑枣汤

原料

黑豆、浮小麦各30克，莲子、黑枣各7颗，冰糖10克，水1000毫升。

做法

❶ 将黑豆、浮小麦、莲子、黑枣分别洗净，放入锅中，加水，大火煮沸，转小火煲至熟烂。

❷ 调入冰糖搅拌至溶化即可，代茶饮用。

适宜人群

本品适宜自汗、盗汗者，五心烦热者，心悸失眠者，遗精者，遗尿患儿，神经衰弱患者，更年期综合征患者食用。

黑豆
化瘀解毒、补气敛汗

补血养心 + 安神助眠

麦枣龙眼汤

原料

浮小麦30克，龙眼20克，红枣8颗，甘草5克，冰糖10克，水700毫升。

做法

❶ 浮小麦洗净，以清水浸泡1小时，沥干；红枣、甘草洗净；龙眼去壳、去核。

❷ 浮小麦、龙眼肉、红枣、甘草一起放入锅中，加水，大火煮沸后转小火煮约30分钟，加冰糖调味即可。

适宜人群

本品适宜小儿盗汗、自汗患者食用。

龙眼肉
养血安神、补益心脾

玉米须

【利水通淋，降血压】

玉米须为禾本科植物玉蜀黍的花柱。它含脂肪油2.5%、挥发油0.12%、树脂2.7%等，还含隐黄素、抗坏血酸等成分。玉米须又称"龙须"，有广泛的预防保健用途。

营养成分

泛酸	肌醇
酒石酸	草酸
谷甾醇	豆甾醇
苹果酸	枸橼酸
维生素C	维生素K

煲汤适用量：15~30克。

别名

玉蜀黍须、蜀黍须、苞谷须。

适合体质

痰湿体质。

性味归经

性平，味甘；归膀胱、肝、胆经。

生产地

全国各地广泛种植，以河南、河北、辽宁、吉林等地为多。

选购与保存

本品呈线状或丝状，常集结成团；呈黄棕色或棕红色，有光泽；质柔软；气微，味甘；以柔软、有光泽者为佳。

将晒干的玉米须用密封的保鲜袋或玻璃瓶装好，然后置于阴凉、干燥处保存，可存放半年左右。

《岭南采药录》：又治小便淋沥砂石，苦痛不可忍，煎汤频服。

煲汤好搭档

玉米须	+ 车前草	清热通淋
玉米须	+ 白术	健脾利湿
玉米须	+ 金钱草	利尿通淋
玉米须	+ 太子参	益气除湿

小贴士

玉米须一般可煎汤服用或煅烧存性研末。日常食用玉米时，可将玉米须事先摘除，置于纸上，在户外进行风干，去除水分之后入药，可起到很好的利水消肿的作用。在妇科方面，可用于预防习惯性流产、妊娠肿胀、乳汁不行等。玉米须还有抗过敏的作用，也可以用于治疗荨麻疹和哮喘等。还可把留着须的玉米放进锅内煮，熟后把汤水倒出，这就是"龙须茶"。"龙须茶"口感不错，经济实惠，可以当作全家人的保健茶。

利尿通淋 + 降压降脂
玉米须瘦肉汤

原料

猪瘦肉400克，玉米须30克，白扁豆100克，蜜枣10颗，白蘑菇100克，盐6克，水适量。

做法

❶ 猪瘦肉洗净，切块；玉米须、白扁豆均洗净，浸泡；白蘑菇洗净，切段。

❷ 猪瘦肉块入沸水汆去血水。

❸ 锅中加水煮沸，放入猪瘦肉块、白扁豆、蜜枣、白蘑菇段，小火慢煲，2小时后放入玉米须煮5分钟，加盐调味即可。

适宜人群

本品适宜尿路感染、急性肾炎、高血压病、高脂血症、糖尿病、肝腹水患者及肥胖者食用。

猪瘦肉
补虚强身、滋阴润燥

滋阴利水 + 利尿消肿
玉米须山药蛤蜊汤

原料

玉米须15克，山药60克，蛤蜊200克，红枣10颗，姜10克，盐5克，水适量。

做法

❶ 用清水静养蛤蜊1~2天，经常换水以去沙泥。

❷ 玉米须、蛤蜊、红枣洗净；山药洗净，去皮，切片；姜切片。

❸ 把除盐外的所有原料放入瓦锅内，大火煮沸后转小火煮2小时，加盐调味即可。

适宜人群

本品适宜前列腺炎、肾炎水肿、膀胱炎患者食用。

山药

【补脾养胃，生津益肺】

山药含有甘露聚糖、植酸、尿囊素、胆碱、多巴胺、山药碱等成分，是补脾良药。

营养成分（以100克为例）

热量	240千焦
碳水化合物	12.4克
蛋白质	1.9克
膳食纤维	0.8克
脂肪	0.2克
镁	20毫克
钙	16毫克

煲汤适用量：10~300克。

别名

怀山药、淮山药、山芋、山薯、山蓣。

适合体质

除痰湿体质外，其他体质基本都可食用，气虚者食之尤佳。

性味归经

性平，味甘；归脾、肺、肾经。

生产地

主产于河南、山东、河北、山西及中南、西南等地。

《本草纲目》：益肾气，健脾胃，止泻痢，化痰涎，润皮毛。

选购与保存

山药应选择茎干笔直、粗壮、表皮光滑、颜色自然、拿起来有一定分量者。如果选切好的山药，则要选择切口呈乳白色的。

若要长时间保存山药，要把山药放入锯木屑中包埋；短时间保存山药，则只需用纸包好，放于阴凉处即可。

煲汤好搭档

山药	+ 蜂蜜	补肾抗衰
山药	+ 核桃	强筋健骨
山药	+ 胡萝卜	健脾益气

小贴士

新鲜山药接触铁或其他金属时容易形成褐化现象，所以切山药时最好用竹刀、塑料刀或陶瓷刀。切开山药时会有黏液，极易滑刀伤手，可以先用清水加少许醋清洗，这样可减少黏液。另外，山药切口处与空气中的氧气产生氧化作用，故可以先把山药放在米酒或盐水中浸泡，再风干，然后用餐巾纸包好。如需存放数天，可再包几层报纸，放置在阴凉处。大便燥结者、有实邪者忌食山药。

补脾益气 + 和胃止痛
山药排骨汤

原料

白芍10克，蒺藜10克，山药块300克，小排骨250克，红枣10颗，盐5克，水适量。

做法

❶ 白芍、蒺藜装入纱布袋系紧；红枣洗净，以水泡软。

❷ 小排骨洗净，切块，氽烫。

❸ 将纱布袋、山药块、红枣、小排骨块分别放进煮锅，加适量水，大火煮沸后转小火煲30分钟，加盐调味即可。

适宜人群

本品适宜脾气虚所致的食欲不振、消化不良、神疲乏力、面色萎黄、便稀腹泻者，以及消化性溃疡、慢性萎缩性胃炎患者食用。

蒺藜
平肝解郁、活血祛风

健脾益气 + 消食化积
麦芽山药牛肚汤

原料

牛肉150克，牛肚100克，山药30克，炒麦芽30克，盐、薄荷叶、水各适量。

做法

❶ 牛肉、牛肚分别洗净，切块；山药、炒麦芽均洗净，山药去皮，切片。

❷ 将牛肉块放入沸水中氽烫，捞出后用凉水冲洗干净。

❸ 净锅上火倒入水，下牛肉块、牛肚块、山药块、炒麦芽，大火煮沸，转小火煲至牛肚块、牛肉块熟烂，加盐调味，放上薄荷叶装饰即可。

适宜人群

本品适宜脾胃气虚者、小儿营养不良者、体质虚弱消瘦者、内脏下垂者、食积不化导致胃胀胃痛者、脾虚腹泻者食用。

龙眼山药红枣汤

原料

龙眼肉100克，山药150克，红枣6颗，冰糖、水各适量。

做法

❶ 山药洗净，去皮，切小块；红枣洗净。

❷ 水煮开后加山药块、红枣。

❸ 待山药块熟透、红枣松软，将龙眼肉剥散加入，待龙眼的香甜味渗入汤中即可熄火，可酌加冰糖提味。

适宜人群

本品适宜胃虚食少、气血不足、神经衰弱、健忘、失眠、惊悸、心悸怔忡、食欲不振者食用。

健脾补虚 + 美容养颜

莲子山药芡实甜汤

原料

银耳100克，莲子20克，芡实30克，山药100克，红枣6颗，冰糖、水各适量。

做法

❶ 银耳泡发，洗净。

❷ 红枣洗净，用刀划几个口；山药洗净，去皮，切片。

❸ 银耳、莲子、芡实、红枣放入锅中，加水煮约20分钟，待莲子、银耳煮软，将山药片放入一起煮软，加冰糖调味即可。

适宜人群

本品适宜脾虚久泻、食欲不振、皮肤干燥粗糙、心烦失眠、体质虚弱者，以及高血压患者食用。

山珍药材靓汤

百合

【润肺止咳，清心安神】

百合鳞茎含有秋水仙碱及淀粉、蛋白质、脂肪等。百合止咳安神，药食两用，既可作为食材，又具有一定的药用功效。

营养成分（以100克为例）

热量	692千焦
碳水化合物	38.8克
蛋白质	3.2克
膳食纤维	1.7克
钾	510毫克
镁	43毫克

煲汤适用量：15~30克。

别名

百合蒜、蒜脑薯。

性味归经

性微寒，味甘；归肺、心、胃经。

生产地

主产于湖南、江西、云南、四川、河南、河北、山东等地。

适合体质

阴虚体质。

选购与保存

百合以鳞片均匀，肉厚，色黄白，质硬、脆，筋少，无黑片、油片者为佳；食用百合以家种、味不苦、鳞片阔而薄者为佳；药用百合则以野生、味较苦、瓣片小而厚者为佳。

鲜百合的储藏要遵循干燥、通气、阴凉、遮光的原则。干百合富含淀粉，易遭虫蛀、受潮生霉、变色，因此，干百合要放在干燥容器内并密封，放置在冰箱或通风、干燥处。受潮的百合表面颜色变为深黄棕色，质韧回软，手感滑润，敲之发声沉闷，有的呈现出霉斑。

> 《晔子本草》：安心，定胆，益志，养五脏。

煲汤好搭档

百合 + 蜂蜜　　滋阴润燥

百合 + 核桃　　润肺、益肾

百合 + 黄瓜　　舒展肌肤，除皱养颜

小贴士

百合有润肺清心的作用，适用于热病伤阴、心肺阴虚和因为肺虚失润所致的咳嗽，能够有效帮助长期咳嗽甚至是咯血患者减轻病情。

百合可以搭配其他食物和药物制成百合粉、百合膏，还可做菜、熬汤等，但用量不宜过多，一般根据其他食材和药材的比例，适量使用百合即可。

养心安神 + 滋阴润燥
莲子百合干贝瘦肉汤

原料

猪瘦肉300克，盐、鸡精各5克，莲子、百合、干贝、水各适量。

做法

❶ 猪瘦肉洗净，切块；莲子洗净，去莲子心；百合洗净；干贝洗净，切丁。

❷ 将猪瘦肉块放入沸水中汆去血水。

❸ 炖锅中加水煮沸，放入猪瘦肉块、莲子、百合、干贝丁慢炖2小时，加盐和鸡精调味即可。

适宜人群

本品适宜阴虚体质、心悸失眠、神经衰弱、皮肤粗糙暗沉无华、脾胃虚弱者，以及慢性萎缩性胃炎、营养不良患者食用。

滋阴润肺 + 养心安神
莲子百合麦冬汤

原料

莲子200克，百合20克，麦冬15克，玉竹8克，冰糖80克，水适量。

做法

❶ 莲子、麦冬、玉竹均洗净，沥干，盛入锅中，加水以大火煮开，转小火煲20分钟。

❷ 百合洗净，用清水泡软，加入汤中，煮4~5分钟后熄火。

❸ 加入冰糖调味即可。

适宜人群

本品适宜阴虚体质者，小便不利者，热病津伤口渴者，高血压病患者，糖尿病患者（不加红枣），胃热口臭、肠燥便秘者食用。

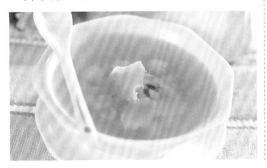

润肺止咳 + 化痰散结
百合半夏薏米汤

原料

半夏15克，薏米1杯，百合10克，冰糖、水各适量。

做法

❶ 将半夏、薏米、百合分别用水洗净。

❷ 锅中注入适量清水，用大火煮沸，再加入半夏、薏米、百合，煮至薏米开花熟烂。

❸ 加冰糖调味即可。

适宜人群

本品适宜痰湿体质、肥胖、咳嗽咳痰、失眠、神经衰弱者，以及阿尔茨海默病、咽炎、癌症患者食用。

菊花

【清热解毒，平肝明目】

菊花含有挥发油，包括菊酮、龙脑、龙脑乙酸酯，并含有腺嘌呤、胆碱等成分。菊花是一种常用的传统中药材，是明目解热的佳品。

营养成分（以100克为例）

热量	195千焦
碳水化合物	9克
蛋白质	3.2克
脂肪	0.5克
钙	178毫克
磷	41毫克

煲汤适用量：5~10克。

别名

金精、甘菊、真菊、金蕊、簪头菊、甜菊花。

性味归经

性微寒，味辛、甘、苦；归肺、脾、肝、肾经。

生产地

主产于安徽、浙江、河南、山东等地。

适合体质

湿热体质。

选购与保存

菊花以花朵完整、颜色鲜艳、气清香、无杂质者为佳。颜色发暗、呈褐色的菊花不要选购，这是陈年老菊花，而且很可能长霉了；要选购有花萼，且花萼偏绿色的菊花。

菊花应放于阴凉、干燥处保存，可以把菊花放在一个密封的罐子里，里面放少许白纸包好的生石灰或吸潮剂，这样保质期更长，夏、秋两季要勤查看。另外，菊花不宜烈日暴晒，以防散瓣、变色。

《神农本草录》：主诸风头眩、肿痛，目欲脱，泪出，皮肤死肌，恶风湿痹，利血气。

煲汤好搭档

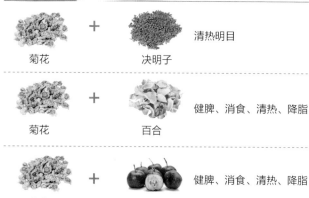

菊花 ＋ 决明子　　清热明目

菊花 ＋ 百合　　健脾、消食、清热、降脂

菊花 ＋ 山楂　　健脾、消食、清热、降脂

小贴士

菊花中含有多种氨基酸、维生素和微量元素，具有防治冠心病、防治高血压、美容等功效，亦可防癌。其吃法很多，可鲜食、干食，可生食、熟食，焖、蒸、煮、炒、烧、拌皆宜，还可切丝入馅，菊花酥饼，菊花饺子、包子、馄饨都自有可人之处。菊花虽品种很多，但入食多用黄菊、白菊，尤以白菊为佳。

健脾益气 + 养肝补肾

菊花黄芪鹌鹑汤

原料

鹌鹑1只，枸杞子9克，盐2克，北黄芪、菊花、水各适量。

做法

❶ 菊花洗净，沥水；枸杞子洗净，泡发；北黄芪洗净，切片。

❷ 鹌鹑去毛及内脏，洗净，氽水。

❸ 瓦煲里加入适量水，放入除盐外的全部原料，用大火煮沸后转小火煲2小时，加盐调味即可。

适宜人群

本品适宜肝肾亏虚引起的视物昏花、头晕耳鸣、神疲乏力、腰膝酸软者，食欲不振者、抵抗力差者，以及高血压病患者食用。

清热解毒 + 利尿祛湿

菊花土茯苓汤

原料

野菊花、土茯苓各9克，金银花5克，冰糖10克，水适量。

做法

❶ 野菊花、金银花去杂质，洗净；土茯苓洗净，切成薄片备用。

❷ 砂锅内加水，放入土茯苓片，大火煮沸后改用小火煮10~15分钟。

❸ 加入冰糖、野菊花、金银花，再煮3分钟即可。

适宜人群

本品适宜上火引起的目赤肿痛、咽干口燥、尿黄便秘者，以及痛风、尿路感染、急性前列腺炎、阴道炎患者食用。

金银花
清热解毒、疏风散热

滋阴润燥 + 清肝明目

菊花鸡肝汤

原料

鸡肝200克，菊花9克，银耳50克，枸杞子15克，盐、鸡精、水各适量。

做法

❶ 鸡肝洗净，切块；银耳洗净，泡发，撕成小朵；枸杞子、菊花洗净，用水浸泡。

❷ 鸡肝块汆水，取出洗净。

❸ 将鸡肝块、银耳、枸杞子、菊花放入锅中，加水小火煲1小时，加盐、鸡精调味即可。

适宜人群

本品适宜肝火旺盛引起的两目干涩、目赤肿痛、心烦易怒、咽干口燥者，以及白内障、青光眼、视力下降等眼科疾病患者食用。

清热解毒 + 清肝明目

桑叶菊花枸杞子汤

原料

桑叶、枸杞子各10克，菊花5克，蜂蜜、水各适量。

做法

❶ 将桑叶、菊花、枸杞子均洗净备用。

❷ 锅中加清水，大火煮沸，放入桑叶、菊花、枸杞子，2分钟后关火。

❸ 加入蜂蜜搅拌均匀即可。

适宜人群

本品适宜肝火旺盛引起的目赤肿痛、畏光流泪、咽干口燥、头晕目眩者，结膜炎、白内障、青光眼等各种眼病患者，高血压病、高脂血症、糖尿病（不加冰糖）患者，以及阴虚燥咳者食用。

枸杞子
养肝滋肾、润肺补虚

清热润肺 + 止咳化痰

菊花桔梗雪梨汤

原料

菊花5朵，桔梗5克，雪梨1个，冰糖、水各适量。

做法

❶ 菊花、桔梗洗净，加水煮沸，转小火继续煮10分钟。

❷ 加入冰糖搅匀后，盛出待凉。

❸ 雪梨洗净，削去皮，梨肉切丁，加入已凉的汁中即可。

适宜人群

本品适宜因风热感冒而致咳嗽气喘、咳吐黄痰者，咽喉肿痛、咽干口燥者，以及高血压病患者食用。

菊花
疏风清热、平肝明目

消食化积 + 行气解郁

山楂陈皮菊花汤

原料

山楂10克，陈皮10克，菊花5克，冰糖15克，水400毫升。

做法

❶ 山楂、陈皮、菊花洗净，山楂、陈皮盛入锅中，加水以大火煮开。

❷ 转小火煮15分钟，加入冰糖、菊花后熄火，闷片刻即可。

适宜人群

本品适宜高脂血症、胸膈痞满、血瘀闭经、肥胖、维生素C缺乏病、脂肪肝患者及消化不良者食用。

山楂
健胃消食、活血化瘀

玉竹

【养阴润肺，生津止渴】

玉竹含有玉竹黏多糖等多糖类、甾体皂苷，以及维生素A等成分。玉竹是功效明显的滋阴佳品。

营养成分

铃兰苷	黏液质
铃兰苦苷	山茶酚苷
槲皮醇苷	维生素A

煲汤适用量：10~50克。

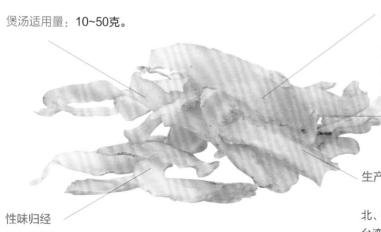

别名

委萎、女萎、萎莎、葳蕤、节地、虫蝉、乌萎、山姜、芦莉花、连竹、西竹。

适合体质

阴虚体质。

生产地

主产于山东、河南、湖北、湖南、安徽、江西、江苏、台湾等地。

性味归经

性微寒，味甘；归肺、胃经。

选购与保存

玉竹可分为生用及制用两种。制玉竹是净玉竹经蒸焖至软，取出晒至半干、切片、干燥后制成，玉竹蒸制后能增强其补益作用。玉竹以条粗长、淡黄色、饱满质实、半透明状、体重、糖分足者为佳；以条细瘪瘦、体松或发硬、糖分不足者为次。要尽量挑色泽自然的，而不要挑新鲜得可疑的、保质期特别长的。栽培品玉竹以湘玉竹及海门玉竹为佳，其他地区栽培品亦优，野生品则较次。

玉竹应置于通风、干燥处保存，防发霉与虫蛀。

煲汤好搭档

玉竹 + 乌鸡 　美容养颜

玉竹 + 沙参 　养阴润燥

玉竹 + 板栗 　延缓衰老

玉竹 + 豆腐 　清热润燥、降脂降压

《本草纲目》：主风温自汗灼热，及劳疟寒热，脾胃虚乏，男子小便频数，失精，一切虚损。

小贴士

玉竹可降血糖、降血脂、对抗自由基、抑制结核杆菌生长，能扩张外周血管和冠状动脉、改善心肌缺血症状，并有强心及提高耐缺氧能力等作用。用于肺阴虚所致的干咳少痰、咯血、声音嘶哑，胃阴虚所致的口舌干燥、食欲不振、消渴等。

滋阴润燥 + 润肺止咳

沙参玉竹猪肺汤

原料

猪肺350克，沙参、玉竹各10克，红枣8颗，味精3克，茴香叶、盐、清汤各适量。

做法

❶ 猪肺洗净，切块；玉竹、沙参、红枣洗净。

❷ 猪肺块汆去血水，冲净备用。

❸ 净锅上火倒入清汤，下猪肺块、玉竹、沙参、红枣，调入盐、味精煲至熟，放上茴香叶装饰即可。

适宜人群

本品适宜肺阴虚者（如肺炎、肺结核、肺气肿、百日咳、慢性咽炎等疾病的患者），糖尿病、冠心病患者，以及阴虚盗汗者食用。

除烦止渴 + 护心控糖

玉竹百合牛蛙汤

原料

牛蛙200克，玉竹50克，百合100克，高汤、枸杞子、盐、葱花各适量。

做法

❶ 牛蛙洗净，斩块，汆水；百合、枸杞子、玉竹洗净，浸泡备用。

❷ 锅中倒入高汤，下牛蛙块、玉竹、枸杞子、百合，撒入盐和葱花，煲熟即可。

适宜人群

本品适宜阴虚体质者，心烦失眠、咽干口渴、内热消渴、小便不利、肺热干咳者，以及糖尿病、风湿性心脏病、冠心病、动脉硬化患者食用。

清热利咽 + 滋阴生津

胖大海薄荷玉竹饮

原料

胖大海9克，薄荷叶5克，玉竹6克，水500毫升，冰糖适量。

做法

❶ 胖大海、薄荷、玉竹均清洗干净备用。

❷ 锅置于火上，加水，放入胖大海、玉竹煎煮5分钟。

❸ 加入薄荷、冰糖煮沸，捞出薄荷叶即可。

适宜人群

本品适宜上火引起的口舌生疮、喉咙肿痛、牙龈肿痛出血、口腔溃疡、阴虚干咳者，以及慢性咽炎、痤疮、糖尿病（不加冰糖）患者食用。

金银花

【清热解毒，疏风散热】

金银花含有异氯原酸、番木鳖苷等成分，并富含挥发油。金银花自古被誉为清热解毒的良药。

营养成分（以100克为例）

热量	611千焦
蛋白质	12.9克
脂肪	6.72克
膳食纤维	0.01克
镁	6毫克
钙	32毫克

煲汤适用量：5~20克。

性味归经

性寒，味甘；归肺、胃、心经。

生产地

主产于山东、陕西、河南、河北、湖北等地。

别名

忍冬花、银花、鹭鸶花、苏花、金花、金藤花、双花、双苞花。

适合体质

热性体质。

选购与保存

金银花以花未开放、色黄白、体肥大、气味清香、味微苦者为佳。颜色过于鲜艳、漂亮的金银花不能选，这种可能是硫黄熏过的，这种金银花用开水冲泡后，会有酸味。要选有花蕾且花萼偏黄色的金银花。

金银花宜保存于干燥、通风处，防虫蛀、防变色。

煲汤好搭档

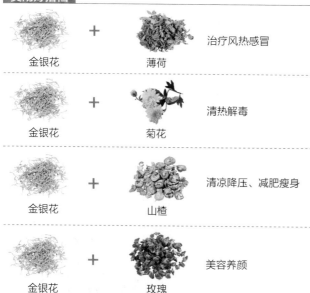

金银花 ＋ 薄荷	治疗风热感冒	
金银花 ＋ 菊花	清热解毒	
金银花 ＋ 山楂	清凉降压、减肥瘦身	
金银花 ＋ 玫瑰	美容养颜	

《本草纲目》：（主治）一切风湿气，及诸肿毒、痈疽、疥癣，散热解毒。

小贴士

金银花宜与芦根同食，可清热解暑、生津止渴；宜与莲子同食，可清热解毒、健脾止泻；宜与绿豆同食，可清热解毒、清暑解渴；宜与野菊花同食，可清热解毒。

金银花为常用大宗且畅销中药材品种，亦属于可供食用的花卉，应用较为普遍，可供制作原味茶、代茶饮、凉茶或多种功能饮品。

清热泻肺 + 止咳化痰

金银花蜜枣猪肺汤

原料

猪肺200克，蜜枣2颗，金银花10克，桔梗8克，盐、鸡精、水各适量。

做法

❶ 猪肺洗净，切块；蜜枣洗净，去核；金银花、桔梗洗净。

❷ 猪肺块汆水后捞出洗净。

❸ 将猪肺块、蜜枣、桔梗放进瓦煲，加水，大火煮沸后放入金银花，转小火煲2小时，加盐和鸡精调味即可。

适宜人群

本品适宜肺热咳嗽者，以及肺炎、支气管炎、肺结核、肺癌、慢性咽炎患者食用。

清热解毒 + 养胃生津

金银花水鸭枸杞子汤

原料

水鸭350克，金银花、枸杞子各20克，石斛8克，盐4克，鸡精3克，水适量。

做法

❶ 水鸭收拾干净，切块；金银花、石斛、枸杞子洗净，浸泡。

❷ 水烧沸放入水鸭块、石斛和枸杞子，转至小火慢煲。

❸ 1小时后放入金银花，再煲1小时，加盐和鸡精调味即可。

适宜人群

本品适宜阴虚燥热所致的口干咽燥、汗出、上火、口臭、口舌生疮者，食欲不振、肺热咳嗽者，以及高血压病患者食用。

清热解毒 + 散结消肿

银花连翘甘草茶

原料

金银花、连翘、甘草各5克，水400毫升，白糖适量。

做法

❶ 锅内加水，放入洗净的金银花、连翘、甘草。

❷ 以大火煮开，转小火续煮20分钟。

❸ 加入白糖，熄火即可取汁饮用。

适宜人群

本品适宜外阴肿胀、瘙痒或伴烧灼感疼痛者，或小便涩痛、排尿不畅、口干舌燥、大便燥结者食用。

滋阴生津 + 清热利咽
罗汉果银花玄参饮

原料

罗汉果半个，金银花6克，玄参8克，薄荷3克，水600毫升，蜂蜜适量。

做法

❶ 罗汉果、金银花、玄参、薄荷均洗净备用。

❷ 锅中加水，大火煮沸，放入罗汉果、玄参煎煮2分钟，再加入薄荷、金银花煮沸。

❸ 加入适量蜂蜜拌匀，即可取汁饮用。

适宜人群

本品适宜肺阴虚所致干咳咯血者（如肺结核患者），慢性咽炎、扁桃体炎患者，热病伤津、咽喉干燥、肠燥便秘者，以及痤疮、痱子、疔痈患者食用。

清热解毒 + 通络下乳
丝瓜银花汤

原料

丝瓜500克，金银花20克，水1000毫升，盐少许。

做法

❶ 丝瓜洗净，去皮，切块；金银花洗净备用。

❷ 锅置于大火上，下丝瓜块、金银花，加水，大火煮沸后转小火煎煮15分钟至瓜熟，加少许盐调味即可饮用。

适宜人群

本品适宜痰喘咳嗽、乳汁不通、热病烦渴、筋骨酸痛、便血者食用。

清热解毒 + 祛湿止痢
银花马齿苋汤

原料

金银花、大蒜各20克，甘草3克，马齿苋30克，水600毫升，白糖适量。

做法

❶ 大蒜去皮，洗净捣碎。

❷ 金银花、甘草、马齿苋洗净，放入锅中，加蒜和水，用大火煮沸后关火。

❸ 加白糖调味即可。

适宜人群

本品适宜湿热下注引起的痢疾、腹泻、痔疮、肛周脓肿等肛肠疾病患者，以及疔疮痈肿、流行性感冒、病毒性肝炎、尿路感染、流行性结膜炎、化脓性外科疾病的患者食用。

清热解毒 + 凉血消痈

鱼腥草金银花猪肉汤

原料

鱼腥草、金银花各15克，白茅根25克，连翘12克，猪瘦肉100克，盐6克，味精少许。

做法

❶ 鱼腥草、金银花、白茅根、连翘洗净。

❷ 将做法❶的所有原料放入锅内，加清水煎汁，用小火煲30分钟，去渣留汁。

❸ 猪瘦肉洗净切片，放入药汤里，用小火煮熟，加盐和味精调味即可。

适宜人群

本品适宜急性乳腺炎、肛周脓肿、化脓性腮腺炎、咽炎、痤疮等热毒化脓性病症的患者及肺热咳嗽咳痰者食用。

鱼腥草
清热解毒、利尿除湿

清热解毒 + 发散风热

桑叶连翘银花汤

原料

桑叶、连翘各10克，金银花8克，水600毫升，蜂蜜适量。

做法

❶ 将桑叶、连翘、金银花均洗净。

❷ 锅中加水，大火煮沸，先放入连翘煮3分钟，再下桑叶、金银花即可关火。

❸ 加入适量蜂蜜搅拌均匀，即可取汁饮用。

适宜人群

本品适宜外感风热引起的较轻的发热、咳嗽、眼赤（如感冒）患者，疔疮痈肿患者，鼻干咽燥者，流行性感冒、结膜炎等流行性传染病患者食用。

桑叶
疏风清热、清肺止咳

玫瑰花

【行气解郁，和血止痛】

玫瑰花香气浓郁，不仅可以用来观赏，还具有非常重要的药用价值，是人们尤其是女性常用的理气药。

营养成分（以100克为例）

热量	938千焦
碳水化合物	47.7克
蛋白质	7.71克
脂肪	1.17克
钙	30毫克
镁	4.4毫克

煲汤适用量：5~30克。

别名

徘徊花、杀手、穿心玫瑰。

性味归经

性温，味甘、微苦；归肝、胃经。

生产地

主产于我国中部、南部及新疆、青海、甘肃等地。

适合体质

气郁体质。

选购与保存

如果玫瑰花泡出蓝色或红色的茶水，估计含有不明物质，正常的玫瑰花茶水应是淡黄色或黄色。选购玫瑰花茶时以含苞未放、色深紫者为佳。

保存时，玫瑰花容易走味及氧化而变色，故最好存放于阴暗而密封的玻璃器皿中，但不宜存放超过1年。

《本草纲目拾遗》：和血行气，理气，治风痹、噤口痢、乳痈、肿毒初起、肝胃气痛。

煲汤好搭档

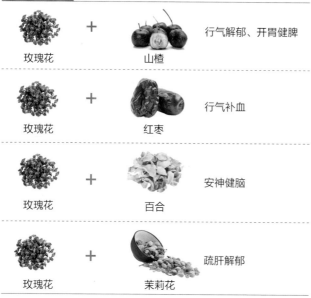

玫瑰花	+ 山楂	行气解郁、开胃健脾
玫瑰花	+ 红枣	行气补血
玫瑰花	+ 百合	安神健脑
玫瑰花	+ 茉莉花	疏肝解郁

小贴士

玫瑰可冲茶饮用，取干玫瑰花花蕾3~5朵，沸水冲泡，闷5分钟即可饮用；可边喝边冲，直至色淡无味，即可更换茶，此品具有疏肝行气、活血调经、解郁安神之功效。

玫瑰果的果肉可制成果酱，有特殊风味。用玫瑰花瓣以蒸馏法提炼而得的玫瑰精油（称玫瑰露）可以改善皮肤质地，促进血液循环及新陈代谢。

疏肝理气 + 调经止痛
玫瑰调经汤

原料

玫瑰花7~8朵，益母草10克，郁金5克，水600毫升，红糖适量。

做法

❶ 将玫瑰花、益母草、郁金略洗，除杂质。

❷ 将玫瑰花、益母草、郁金放入锅中，加水，大火煮沸后加入适量红糖，再煮5分钟。

❸ 关火即可取汁饮用。

适宜人群

本品适宜月经不调（痛经、闭经、经期紊乱、经前乳房胀痛）的患者，面色萎黄无光泽、乳腺增生、胃脘痛者，以及产后血瘀腹痛、血瘀型盆腔炎、抑郁症患者食用。

益母草

活血、化瘀、调经

疏肝解郁 + 理气宽胸
月季玫瑰红糖饮

原料

月季花6克，玫瑰花5克，陈皮3克，红糖、水各适量。

做法

❶ 将月季花、玫瑰花、陈皮分别洗净，放入锅中，加水，大火煮沸后转小火煮5分钟即可关火。

❷ 滤去药渣，留汁，再放入红糖搅拌均匀后，趁热服用即可。

适宜人群

本品适宜肝气郁结引起的胸胁苦满、胁肋疼痛、抑郁等症状患者，经前乳房胀痛、月经量少者，乳腺增生患者，以及面色晦暗、面生色斑者食用。

理气解郁 + 美容养颜
玫瑰枸杞子羹

原料

玫瑰花15克，枸杞子、葡萄干、杏脯、白糖各10克，玫瑰露酒50毫升，淀粉20克，醪糟、醋、水各适量。

做法

❶ 玫瑰花洗净，切丝；枸杞子、葡萄干均洗净。

❷ 锅中加水煮沸，放入玫瑰露酒、白糖、醋、醪糟、枸杞子、杏脯、葡萄干煮开。

❸ 用淀粉勾芡，撒上玫瑰花丝即可。

适宜人群

本品适宜爱美女士，面色暗黄或苍白者，面生色斑者，痛经、月经不调、经前乳房胀痛者，抑郁症患者，以及贫血者食用。

枇杷叶

【清肺和胃，降气化痰】

枇杷叶具有化痰止咳、和胃止呕的功效，其作用为镇咳、祛痰、清肺，为清解肺热和胃热的常用药。

营养成分

钾	磷
铁	钙
糖类	脂肪
果胶	鞣质
苹果酸	柠檬酸
蛋白质	膳食纤维

煲汤适用量：2~10克（鲜枇杷叶：15~30克）。

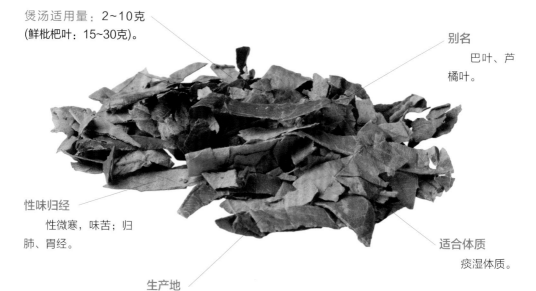

别名

巴叶、芦橘叶。

性味归经

性微寒，味苦；归肺、胃经。

适合体质

痰湿体质。

生产地

主产于我国中南部及陕西、甘肃、江苏、安徽、浙江等地。

《本草纲目》：治肺胃之病，大都取其下气之功耳。气下则火降痰顺，而逆者不逆，呕者不呕，渴者不渴，咳者不咳矣。

选购与保存

枇杷叶以叶大、色灰绿、叶脉明显、不破碎者为佳。

枇杷叶应放置于通风、干燥处防潮保存。

煲汤好搭档

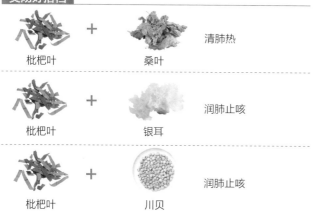

枇杷叶	+ 桑叶	清肺热
枇杷叶	+ 银耳	润肺止咳
枇杷叶	+ 川贝	润肺止咳

小贴士

胃热呕吐者可取枇杷叶15克，配竹茹20克、麦冬10克、制半夏6克，水煎服，每日1剂；声音嘶哑者，取鲜枇杷叶30克（去毛），淡竹叶15克，水煎服，每日1剂，一般2~3剂即可见效。此外，枇杷叶去毛，洗净，晒干备用，用时放入布袋内泡于浴缸中，盆浴可使肌肤光滑、柔嫩，还有消除痱子、斑疹的作用，是很好的护肤方法。

清热泻肺 + 止咳化痰
枇杷虫草花老鸭汤

原料

老鸭200克，杏仁20克，枇杷叶、百合各10克，虫草花5克，盐2克，水适量。

做法

❶ 老鸭洗净，斩块；虫草花、百合、杏仁、枇杷叶均洗净；枇杷叶煎水去渣。

❷ 锅内加清水煮沸，老鸭块汆水后捞出；另起一锅，放老鸭块、虫草花、杏仁、百合，加水一起煲。

❸ 肉熟后倒入枇杷叶汁，加盐即可。

适宜人群

本品适宜肺热咳嗽、咳吐黄痰、胃热呕吐、厌食、胃痛、胃灼烧、肠燥便秘者，以及慢性咽炎患者食用。

滋阴泻火 + 清热利咽
甘蔗枇杷老鸭汤

原料

甘蔗、苦瓜各200克，老鸭300克，枇杷叶10克，水800毫升，盐适量。

做法

❶ 老鸭切块，汆水洗净，置于锅中，加水。

❷ 甘蔗洗净，去皮，切小段；苦瓜洗净，切半，去瓤和白色薄膜，切块。

❸ 将甘蔗段放入有老鸭块的锅中，大火煮沸，转小火煲1小时，将枇杷叶和苦瓜块放入锅中再煲30分钟，加盐调味即可。

适宜人群

本品适宜暑热汗出烦热者，咽喉干燥肿痛、痤疮、痱子、肺热咳嗽患者食用。

苦瓜
清热解暑、消肿解毒

阿胶

【滋阴止血，清肺润燥】

阿胶含有多种氨基酸，如赖氨酸、精氨酸、组氨酸、色氨酸，以及胶原蛋白、铁、锌、钙、硫等物质。阿胶自古与人参、鹿茸并称"滋补三大宝"，可滋阴补血、延年益寿。

营养成分（以100克为例）

热量	1619千焦
蛋白质	73克
碳水化合物	9.5克
钠	222.5毫克
钙	59毫克

煲汤适用量：3~9克。

性味归经
性平，味甘；归肺、肝、肾经。

别名
傅致胶、盆覆胶、驴皮胶。

适合体质
血虚体质。

生产地
阿胶原产于山东东阿县，现在以山东产的品质最佳。

选购与保存

优质阿胶胶片大小、厚薄均匀，块形方正、平整，胶块表面平整光亮，色泽均匀，呈棕褐色，砸碎后加热水搅拌，易全部溶化，无肉眼可见的颗粒状异物。将阿胶砸碎后放入杯中，加适量沸水后立即盖上杯盖，放置1~2分钟，轻轻打开杯，胶香气浓，嗅闻有轻微豆油和阿胶香味，味甘，气清香。

保存阿胶时，用密封性比较好的木箱或陶罐来储存，在容器底部放少许石灰或硅胶等吸潮剂，放置在阴凉、通风处。

煲汤好搭档

阿胶 + 杏仁	润肺除燥	
阿胶 + 黄连	治疗热盛伤阴	
阿胶 + 红枣	补血润肺、养心安神	
阿胶 + 龙眼	温补驱寒	

> **《本草纲目》：** 和血滋阴，除风润燥，化痰清肺，利小便，调大肠，圣药也。

小贴士

阿胶生用或炒用都有止血的作用，阿胶生用滋阴功效更好，用蛤粉炒后黏性减少，止血功效更好。阿胶质黏腻滞，不易消化，脾胃虚弱、消化不良、便溏、腹部痞满及舌苔厚腻恶心、呕吐者不宜食用；阿胶入煎剂会影响其他药物有效成分析出，所以，最好是将阿胶研成细末服用，或入汤药、药液中服用。

中医理论认为，刚制成的阿胶（即新阿胶）不宜服用，须将其在阴凉干燥处静置三年，直至火毒自行消尽后即可服用。

补虚安胎 + 养血安神

阿胶牛肉汤

原料

阿胶9克，牛肉100克，姜10克，红糖、水各适量。

做法

❶ 牛肉洗净，去筋，切片；阿胶研粉；姜洗净，切片。

❷ 牛肉片与姜片放入砂锅，加水，用小火煲30分钟。

❸ 加入阿胶粉，并不停地搅拌，至阿胶溶化后加入红糖，搅拌均匀即可。

适宜人群

本品适宜气血亏虚引起的胎动不安、胎漏下血者，以及贫血头晕、体质虚弱、产后或病后血虚、低血压、月经不调、崩漏出血、失眠多梦、心律失常、神经衰弱者食用。

牛肉
补中益气、健补脾胃

养血补虚 + 美容养颜

阿胶乌鸡汤

原料

阿胶1块，乌鸡半只，当归20克，醪糟适量，姜8克，甘草3克，盐、水各适量。

做法

❶ 阿胶打碎；乌鸡洗净，剁块；当归、甘草分别洗净；姜洗净，切片。

❷ 锅中加水，下乌鸡块、姜片、当归、甘草，大火煮沸，转小火煲2小时，再下醪糟、碎阿胶，继续煮5分钟，加盐调味即可。

适宜人群

本品适宜爱美女性、体质瘦弱者，产后、病后贫血者，以及气血亏虚所致的面色萎黄或苍白、神疲乏力、头晕、困倦者食用。

第八章
作料调味靓汤

调味料，也称作料，是少量加入其他食物中用来改善味道的食品成分。一些调味料也会被用作主食或主要成分来食用，比如煲汤时用的蜂蜜、红糖、姜、葱白等。作料也有一定的养生功效。

蜂蜜

【益气补中，润燥解毒】

蜂蜜含有维生素B$_1$、维生素B$_2$、维生素B$_6$、维生素D、维生素E、盐酸，以及钙、铁、铜、钾等矿物质，是一种营养丰富的天然滋养食品，也是最常用的滋补品之一。

营养成分（以100克为例）

热量	1344千焦
脂肪	1.9克
蛋白质	0.4克
钙	4毫克
维生素C	3毫克
镁	2毫克

煲汤适用量：10~50克。

别名
生蜂蜜、炼蜜、白蜜。

适合体质
气虚体质。

生产地
蜂蜜在我国大部分地区均有产出。

性味归经
性平，味甘；归肺、脾、大肠经。

选购与保存

看颜色。一般来说，深色蜂蜜所含的矿物质比浅色蜂蜜所含的更丰富；质地细腻、颜色光亮的蜂蜜质量较佳。

看黏稠度。纯蜂蜜较浓稠，用一根筷子插入其中，提起后可见到蜜丝拉得很长，丝断时回缩呈珠状。

看杂质。把蜂蜜倒在透明的容器里，对着阳光看，如果干净无杂质则为优质蜂蜜，若有杂质则蜂蜜的质量不佳。

蜂蜜宜放在低温避光处保存。蜂蜜属于弱酸性的液体，应采用非金属容器来储存，如陶瓷罐、玻璃瓶、无毒塑料桶等。

《本草纲目》： 其入药之功有五，清热也，补中也，解毒也，润燥也，止痛也。

煲汤好搭档

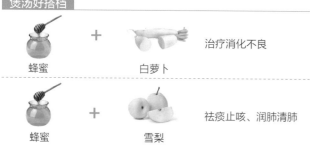

蜂蜜	+ 白萝卜	治疗消化不良
蜂蜜	+ 雪梨	祛痰止咳、润肺清肺

小贴士

生蜂蜜味甘，性微凉，以滑肠通便、解乌头毒之力为胜，多用于肠燥便秘、乌头中毒，或防止乌头中毒。

炼制蜂蜜味甘，性微温，以润肺止咳、补中缓急止痛力强，多用于肺燥干咳、中虚胃痛等。

滋润补虚 + 益气补血
蜂蜜红枣芝麻汤

原料

红枣50克，白芝麻300克，蜂蜜10克，白糖、水各适量。

做法

❶ 红枣洗净，清水浸泡约15分钟，捞出沥干。

❷ 白芝麻洗净，和红枣一起放入电饭煲中。

❸ 往电饭煲中倒入清水，加白糖，按下煮饭键，煮至自动跳挡后盛出，加蜂蜜调味即可。

适宜人群

本品适宜胃虚食少、气血不足、贫血头晕者食用。

白芝麻
补血明目、益肝养发

养颜润肤 + 排毒通便
蜜制燕窝银耳汤

原料

银耳20克，燕窝15克，红枣5颗，蜂蜜适量。

做法

❶ 银耳洗净，放入温水中泡发；燕窝去杂质，洗净；红枣洗净，去核。

❷ 将银耳、燕窝、红枣放入锅中，加水，大火煮沸，转小火煲30分钟即可关火。

❸ 待温度适宜后加入蜂蜜，搅拌均匀即可食用。

适宜人群

本品适宜爱美女士，更年期女性，皮肤干燥粗糙、便秘、口干口渴、维生素缺乏者，以及肛裂、癌症、慢性咽炎患者食用。

银耳
养胃、滋阴、润肺

红糖

【和中散寒，活血化瘀】

红糖是甘蔗榨汁后经浓缩形成的糖。它所含的钙比白糖所含的多2倍，所含的铁比白糖所含的多1倍，红糖还含有胡萝卜素、维生素B_2等成分，是人们日常补益的佳品。

营养成分（以100克为例）

热量	1628千焦
蛋白质	0.7克
钾	240毫克
钙	157毫克
镁	54毫克
铁	2.2毫克

煲汤适用量：15~30克。

适合体质
血虚体质。

生产地
红糖在我国大部分地区均有产出。

性味归经
性温，味甘；归肝、脾经。

别名
赤砂糖、紫砂糖、片黄糖。

选购与保存

优质红糖呈晶粒状或粉末状，干燥而松散，不结块、不成团、无杂质，其水溶液清晰、无沉淀、无悬浮物。具有甘蔗汁的清香，口味浓甜带鲜，微有蜜糖味。

次质红糖有结块或受潮易溶化，气味正常但清香味淡，滋味比较正常。

劣质红糖有杂质，糖水溶液中可见沉淀物或悬浮物，有酒味、酸味或其他外来不良气味，品尝时有焦苦味或其他异味。

为了防止红糖受潮结块，应用深色容器储藏，存放在低温、干燥、密封的地方。

煲汤好搭档

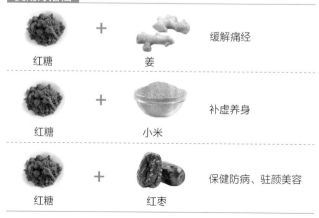

红糖 + 姜 缓解痛经

红糖 + 小米 补虚养身

红糖 + 红枣 保健防病、驻颜美容

《本草从新》：补中和血，功用与白者相仿而稍逊，和血刚紫者为优。

小贴士

红糖性温，味甘，有健脾暖胃、益气补血、缓中止痛、活血化瘀的功效。老人对各种微量元素和维生素的摄入逐渐减少，平时应注意在饮食中补充，以维持正常的代谢功能，延缓衰老。因此，老人在吃糖时，应多选择红糖。

中医认为，红糖性温，适合怕冷、体质虚寒者食用。而胃酸高者，如糜烂性胃炎、胃溃疡引起胃痛的患者及糖尿病患者则不宜食用红糖。

益气补血 + 温中暖胃

红枣花生汤

原料

红枣、红糖各30克,花生100克,水适量。

做法

① 花生略煮后放冷,去皮,和洗净的红枣一起放入锅中。

② 锅中加水,用小火煲30分钟。

③ 加入红糖,待红糖溶化后,收汁即可。

适宜人群

本品适宜乳汁缺乏、风寒感冒、脘腹冷痛、月经不调、产后恶露不绝者,以及高血压患者食用。

花生

健脾、养胃、通乳

祛风除湿 + 补肾安胎

红糖桑寄生蛋汤

原料

桑寄生50克,红糖20克,竹茹10克,红枣8颗,鸡蛋2个,冰糖适量。

做法

① 桑寄生、竹茹洗净;红枣洗净备用。

② 将鸡蛋用水煮熟,去壳备用。

③ 桑寄生、竹茹、红枣和水放入锅中,以小火煲1.5小时,加入鸡蛋、红糖和冰糖,煮沸即可。

适宜人群

本品适宜阴虚体质、皮肤干燥粗糙暗黄、贫血、胃阴亏虚干呕、胃痛、体质虚弱、肺热咳痰者,以及胎动不安的孕妇食用。

鸡蛋

健脑益智、延缓衰老

姜

【温中止吐，温肺止咳】

姜含有蛋白质、糖类、粗纤维、胡萝卜素、维生素、钙、磷、铁等成分，还有挥发油、姜辣素、天冬素、谷氨酸、丝氨酸、甘氨酸等成分，是祛除风寒的良药，也是"止呕圣药"。

煲汤适用量：5~30克。

营养成分（以100克为例）

热量	194千焦
碳水化合物	10.3克
蛋白质	1.3克
脂肪	0.6克
钾	295毫克
钙	27毫克

性味归经
性温，味辛；归肺、脾、胃经。

别名
姜皮、姜根、百辣云。

生产地
主产于山东，南方也有姜产出，如江苏、浙江、广东等地。

适合体质
痰湿体质。

选购与保存

姜以表面黄褐色或灰棕色、有环节、质脆、断面浅黄色、气香、味辛辣者为佳。

购买的姜一时吃不完，时间久了很容易干瘪或者腐烂，这时可以找一个带盖的大口瓶子，在瓶底铺上一块潮湿的软布，然后把姜放在软布上，盖上瓶盖，随用随取；或者在花盆的底部垫一层半湿的沙子，放上鲜姜，再用沙子埋好，经常往沙子上洒些水，使沙子保持潮湿，这样可将姜保鲜半年以上。注意，沙子不要太干，不然姜会干瘪，也不可太湿，否则姜容易发芽。

《本草拾遗》：本功外，汁解毒药，自余破血，调中，去冷，除痰，开胃。须热即去皮，要冷即留皮。

煲汤好搭档

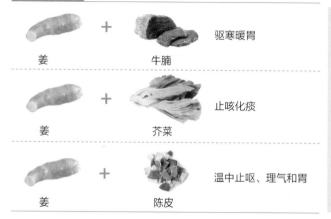

姜	牛腩	驱寒暖胃
姜	芥菜	止咳化痰
姜	陈皮	温中止呕、理气和胃

小贴士

姜具有解毒杀菌的作用。因此，日常我们在吃松花蛋或鱼、蟹等水产时，通常会放上一些姜末、姜汁。

姜中的姜辣素能在人体内产生一种抗氧化酶，可有效对抗自由基。因此，吃姜能抗衰老，老年人常吃姜可除"老年斑"。

姜中分离出来的姜烯、姜酮的混合物有明显的止吐作用。

发汗解表＋祛风散寒

细辛洋葱姜汤

原料

细辛3克，姜30克，洋葱1个，葱花、欧芹末、水各适量。

做法

❶ 细辛洗净备用；姜洗净，切片；洋葱洗净，切大块；葱洗净，切花。

❷ 锅置火上，倒入清水，先放入细辛，煎煮15分钟，捞去药渣，锅中留药汁，再加入洋葱块、姜片继续煮20分钟，加盐调味，撒上葱花、欧芹末即可。

适宜人群

本品适宜风寒感冒引起的恶寒发热、头痛无汗、鼻塞流涕等患者，脾胃虚寒者，以及自感项背冰凉者食用。

细辛
散寒止痛、祛风通窍

温胃散寒＋健脾益气

肉桂猪肚姜汤

原料

猪肚150克，猪瘦肉50克，姜10克，肉桂5克，薏米25克，盐3克，水适量。

做法

❶ 猪肚里外反复洗净，氽水后切成长条；猪瘦肉洗净，切块。

❷ 姜洗净，去皮，切末；肉桂浸透洗净，刮去粗皮；薏米淘洗干净。

❸ 将猪肚条、猪瘦肉块、姜末、肉桂、薏米放入炖盅，加水，大火烧开后转小火炖2小时，调入盐即可。

适宜人群

本品适宜脾胃虚寒呕吐、畏寒怕冷、生冻疮、内脏下垂者食用。

增强免疫力 + 消肿散结

海带姜汤

原料

海带1条，姜5片，夏枯草10克，白芷10克，水适量。

做法

① 海带泡发，洗净后切段；夏枯草、白芷洗净，煎取药汁备用。

② 将海带段、姜片、药汁一起放入锅中，置大火上烧开。

③ 烧开后转小火煲60分钟即可，宜温热饮用，勿喝冷汤。

适宜人群

本品适宜痛风、缺碘性甲状腺肿大、高血压病、糖尿病患者，以及体虚易感冒者食用。

理气宽中 + 温胃散寒

苋菜姜鱼汤

原料

笔管鱼120克，苋菜80克，紫苏30克，姜10克，高汤适量，盐6克。

做法

① 笔管鱼收拾干净，切段；苋菜洗净，切段；紫苏洗净；姜洗净，切片。

② 锅置于火上，倒入高汤，大火煮开，下笔管鱼段、苋菜段、紫苏、姜片，转小火煮10分钟，调入盐，煲熟即可。

适宜人群

本品适宜风寒感冒时头痛无汗、畏寒者，虚寒胃痛者，外感寒湿引起脘腹胀满、呕恶腹泻、下痢清谷者食用。

苋菜
清热利湿、凉血止血

婴幼儿

　　婴幼儿时期是生长发育的重要时期，婴幼儿需要大量营养物质，如果喂养得好，就能发育好，生病少；如果喂养得不好，发育就会受到影响，婴幼儿抵抗力差，会经常患病。此外，婴幼儿的肠胃尚未发育成熟，消化能力不强，所以要喂给他们易消化的食物。在日常饮食中，婴幼儿宜多吃谷物制成的食品，如大米粥、小米粥、玉米粥等，宜多吃富含优质蛋白质和钙的食物，如鸡蛋、鱼类等。香蕉、胡萝卜、西红柿、橙子、苹果、南瓜等蔬菜、水果富含维生素C，可增强婴幼儿的抵抗力，也应适量喂食。

香蕉	胡萝卜	西红柿	橙子	苹果

健脑益智 + 加强营养

玉米米糊

原料

　　鲜玉米粒60克，大米50克，玉米糁30克。

做法

❶ 鲜玉米粒洗净；大米淘洗干净，加入清水浸泡2小时；玉米糁用水冲洗干净。

❷ 将所有食材倒入豆浆机中，加水，按操作提示煮成米糊即可。

增强免疫力

姜汁南瓜糊

原料

　　南瓜90克，盐3克，橄榄油、姜片、水各适量。

做法

❶ 姜片放入破壁机中，加适量水，打成汁，滤除渣滓。

❷ 南瓜洗净，去皮，去瓤，切块，煮烂，放凉，用破壁机打成糊状。

❸ 将南瓜糊倒入锅中，加入姜汁后用小火煮沸，加盐调味，淋上少许橄榄油即可。

儿童

儿童正处于生长发育期，合理的营养饮食对他们的健康成长起着决定性的作用，同时也为他们具有良好的学习和运动能力提供了良好的物质基础。在这个时期，营养不良不但影响儿童身体的生长，而且有碍于儿童智力的发育和心理的健康。在日常饮食中，儿童的饮食营养要全面，粗细搭配要合理。儿童要摄入足够的蛋白质，以增加营养；多食用富含钙的食物，以强健骨骼；多食用富含卵磷脂的食物，以促进大脑发育。小米、玉米、鱼、动物肝脏、胡萝卜、西红柿、金针菇、莴笋、山药、苹果等对儿童的生长发育均有益。

小米	玉米	金针菇	莴笋	山药

补脑益智 + 健脾益胃

山药鱼头汤

原料

鲢鱼头400克，山药80克，枸杞子10克，盐、鸡精、香菜段、葱末、姜末、芹菜梗碎、油各适量。

做法

❶ 鲢鱼头洗净，剁成块；山药洗净，去皮，浸泡，切小块；枸杞子洗净。

❷ 净锅上火，放入油、葱末、姜末爆香，下入鲢鱼头略煎，加水，下山药块、枸杞子、芹菜梗碎煲熟，调入盐、鸡精，撒上香菜段即可。

开胃益智 + 调中理气

玉米胡萝卜脊骨汤

原料

脊骨100克，玉米、胡萝卜、水各适量，盐2克。

做法

❶ 脊骨洗净，剁成段，汆去血水后捞出，清洗干净；玉米、胡萝卜均洗净，切块。

❷ 将脊骨段、玉米块、胡萝卜块放入瓦煲，注入水，大火烧开后转小火煲1.5小时，加盐调味即可。

青少年

青少年正处于身体发育旺盛的时期，加之青少年的活动量大、学习负担重，对能量和营养的需求都很大。因此，青少年的饮食宜富有营养，以满足生长发育的需要。在日常饮食中，青少年要注意摄入足够的优质蛋白质，如瘦肉、蛋类、鱼、牛奶等，以保证青少年的正常发育。另外，青少年要注意食用富含铁和维生素的食物，如黄豆、韭菜、荠菜、芹菜、桃子、香蕉、核桃、红枣、黑木耳、海带、紫菜、香菇、牛肉、羊肉等。青少年对热量的需求高于成年人，应多吃谷物，保证充足的能量供应。此外，青少年在身体发育时期，忌过多食用肥肉、糖果等滋腻之品。

黄豆	韭菜	荠菜	红枣	桃子

补脑益智 + 调中健脾

鱼头豆腐汤

原料

香鱼头1个，豆腐2块，老姜50克，葱2根，水2000毫升，食用油、盐各适量。

做法

❶ 香鱼头洗净，沥干备用；豆腐切长方块；老姜洗净，去皮，切片；葱洗净，切段备用。

❷ 热锅放入适量油烧热，放入香鱼头，以中火煎至两面酥黄，放入葱段和老姜片，加入水及豆腐块，大火煮沸。

❸ 转中小火，加盖煲30分钟，加盐调味即可。

健脾益气 + 养血润燥

黄豆枣蹄汤

原料

猪蹄200克，盐3克，姜片6克，黄豆、蜜枣、水各适量。

做法

❶ 黄豆洗净，浸泡30分钟；蜜枣去核，洗净；猪蹄洗净，切块，余水。

❷ 砂煲内注水，放入姜片、猪蹄块、蜜枣、黄豆，用大火煮沸，然后转小火煲3小时，加盐调味即可。

中年女性

女性由于有生理期，身体不适的状况较多。到了更年期，女性则会因激素影响出现代谢紊乱、贫血和骨质疏松等问题。在日常饮食中，中年女性宜多补充维生素C，可多吃红枣、樱桃、橙子、竹笋、胡萝卜等，以延缓衰老；宜多食用富含维生素D的食物，如脱脂牛奶、坚果、动物肝脏等，以促进钙的吸收，预防骨质疏松症；宜多食用含有维生素E的食物，如谷类、小麦胚芽油、绿叶蔬菜、蛋黄、西红柿、胡萝卜、莴苣及乳制品等，以抗衰老、预防癌症。此外，中年女性还可选择滋阴补血的中药材食用，如当归、龙眼肉、何首乌、阿胶、熟地黄等。

西红柿	橙子	樱桃	当归	胡萝卜

补益肾气 + 补血养颜

核桃仁当归瘦肉汤

原料

猪瘦肉500克，核桃仁、当归、姜片、葱段、盐、水各适量。

做法

❶ 猪瘦肉洗净，切块；核桃仁洗净；当归洗净，浸透，切片。

❷ 将猪瘦肉块放入水中，氽去血水后捞出备用。

❸ 将猪瘦肉块、核桃仁、当归片、姜片、葱段放入炖盅，加入清水，大火炖1小时，调入盐，转小火炖熟即可。

补血止血 + 滋阴润燥

阿杞炖甲鱼

原料

甲鱼1只，清鸡汤1碗半，山药8克，枸杞子6克，阿胶10克，姜片、料酒、盐、味精各适量。

做法

❶ 甲鱼宰杀，洗净，切块，氽去血水；山药洗净，去皮，切片；枸杞子洗净。

❷ 将除阿胶、盐、味精外的原料放入炖盅，隔水炖2小时，入阿胶烊化，加盐、味精调味即可。

中年男性

　　因胆固醇代谢减慢，中年男性易患心脏病、脑卒中、心肌梗死和高血压病等疾病。在日常饮食中，中年男性应多摄入含膳食纤维的食物，以加强肠胃的蠕动，降低胆固醇水平，平时可多吃花生、黄豆、韭菜、芹菜、白萝卜、黑木耳、绿豆、紫菜、香菇、芝麻等。此外，中年男性可根据体质适当地选择一些补肾壮阳的中药材，如鹿茸、巴戟天、补骨脂、杜仲等。

花生	芹菜	绿豆	黑芝麻	香菇
				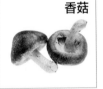

补肾壮阳 + 增强体质

鹿茸炖乌鸡

原料

乌鸡250克，鹿茸10克，盐、开水各适量。

做法

❶ 乌鸡洗净，切块，入沸水中汆去血水，捞出；鹿茸洗净备用。

❷ 将鹿茸与乌鸡块一起装入炖盅内，加入开水，加盖，小火炖熟。

❸ 加盐调味后即可食用。

补益壮阳 + 强壮筋骨

杜仲巴戟天猪尾汤

原料

猪尾300克，巴戟天10克，杜仲1片，红枣5颗，盐、水各适量。

做法

❶ 猪尾洗净，切段；巴戟天、杜仲均洗净，浸水片刻；红枣洗净，去核。

❷ 净锅加入水烧开，下猪尾段汆透，捞出洗净。

❸ 将泡发巴戟天、杜仲的水倒入瓦煲，再注入适量清水，大火煮沸，放入猪尾段、巴戟天、杜仲、红枣，转小火煲3小时，加盐调味即可。

老年人

　　人进入老年期，体内的新陈代谢逐渐减弱，生理功能减退，消化系统的调节适应能力也在下降，这一系列的生理变化使老年人的营养需要也发生相应的变化。在日常饮食中，老年人宜多吃具有健补脾胃、益气养血作用的食物，如红枣、黑芝麻、山药、猪肚、泥鳅等；宜多吃粗粮，如玉米、小米、燕麦、大豆等，可增强体力、延年益寿。此外，虾皮、鱼类、醋、青枣、白菜、南瓜等也非常适宜老年人食用。

| 红枣 | 玉米 | 小米 | 燕麦 | 白菜 |

健脾益胃 + 益气补血

杞枣猪蹄汤

原料

　　猪蹄200克，山药10克，枸杞子5克，盐3克，红枣、水各适量。

做法

　　❶ 山药洗净，去皮，切片；枸杞子洗净，泡发；红枣洗净，去核。

　　❷ 猪蹄洗净，切块，氽水。

　　❸ 将水倒入炖盅，大火煮沸后，放入除盐以外的材料，改用小火煲3小时，加盐调味即可。

强身健体 + 平肝止眩

天麻党参老龟汤

原料

　　老龟1只，党参20克，红枣15克，排骨100克，天麻15克，盐5克，味精3克，水适量。

做法

　　❶ 老龟宰杀，洗净；排骨砍成小段，洗净；红枣、党参、天麻均洗净备用。

　　❷ 将做法❶的材料装入煲内，加水，大火煮沸后以小火慢煲3小时。

　　❸ 加入盐、味精调味即可。

脑力劳动者

　　脑力劳动者靠头脑工作，用脑强度较大，难免会有烦躁、精神疲倦、神经衰弱等症状，并且长时间保持坐着的状态会造成四肢血液循环受阻、静脉曲张或手脚酸麻等问题。因此，在日常饮食中，脑力劳动者宜多吃富含维生素A、B族维生素及维生素C的食物，如红枣、胡萝卜、龙眼肉等。脑力劳动者还应多吃健脑的食物，如花生、核桃、猪脑等。

红枣	胡萝卜	花生	核桃	猪脑

提神健脑 + 滋阴补血

核桃仁排骨汤

原料

　　排骨200克，核桃仁100克，何首乌40克，当归15克，熟地黄15克，桑寄生25克，盐、水各适量。

做法

　❶ 排骨洗净，砍成大块，氽烫后捞起备用。

　❷ 将核桃仁、何首乌、当归、熟地黄、桑寄生洗净。

　❸ 将做法❶和做法❷的材料加水，大火煮沸，转小火煲3小时，起锅前加盐调味即可。

补肝明目 + 增强记忆力

胡萝卜红枣猪肝汤

原料

　　猪肝200克，胡萝卜300克，红枣10颗，盐、油、料酒、水各适量。

做法

　❶ 胡萝卜洗净，去皮，切小块，放油略炒后盛出；红枣洗净；猪肝洗净，切片，用盐、料酒腌渍，放油略炒后盛出。

　❷ 把胡萝卜块、红枣入锅，加水，大火煮沸后以小火煲熟，再放猪肝片煮至水沸，加盐调味即可。

体力劳动者

　　体力劳动者，如搬运工人、运动员等，他们的工作多以肌肉、骨骼的活动为主，能量消耗大，一天工作下来，他们常常肌肉酸痛、神疲力倦。因此，体力劳动者的饮食应以强健筋骨、补充能量为主。在日常饮食中，体力劳动者宜加大食量来获得较高的热量，要适当地增加蛋白质的摄入，还要补充充足的水分、维生素和矿物质，宜多吃黑木耳、猕猴桃、橙子、南瓜、木瓜等。体力劳动者在工作中难免会有碰伤、摔伤，因此宜选择三七、五加皮等散瘀消肿、强壮筋骨的中药材；还要多食用抗粉尘的食物，如猪血、胡萝卜、动物肝脏等。

黑木耳	橙子	猕猴桃	木瓜	胡萝卜

保肝护肾 + 强筋健骨
椰子牛肉汤

原料

　　牛肉500克，椰子肉、土豆各200克，胡萝卜、洋葱、盐、胡椒粉、水各适量。

做法

❶ 牛肉洗净，切片，撒上适量盐拌匀，腌至入味；椰子肉切块；胡萝卜、洋葱分别洗净，切块，胡萝卜块焯水后捞出沥干；土豆洗净，去皮，切块。

❷ 将牛肉片、椰子肉块、胡萝卜块、土豆块、洋葱块放入电饭煲，加水，用煲汤挡煮至跳挡，加盐、胡椒粉调味即可。

强身体 + 壮筋骨
南瓜猪骨汤

原料

　　猪骨、南瓜各100克，盐3克，水适量。

做法

❶ 南瓜洗净，去皮，去瓤，切块；猪骨洗净，砍成块。

❷ 净锅置火上，入水烧沸，下猪骨块氽透，捞出洗净。

❸ 将南瓜块、猪骨块放入瓦煲，注入水，大火煮沸，转小火煲2.5小时，加盐调味即可。

夜间工作者

夜间工作者，如娱乐场所服务员、出租车司机等，由于过着昼夜颠倒的生活，人体的代谢功能会受到一定的影响，有时会出现头晕、疲倦或食欲不振的情况。因此，在日常饮食中，夜间工作者要注意补充维生素A，多吃胡萝卜、动物肝脏等，对眼睛有很好的保护作用。另外，夜间工作者宜多吃具有安神、助眠作用的食物，如牛奶、猕猴桃、莲子等；临睡前喝上一杯热牛奶，对促进睡眠有很大的帮助。

胡萝卜	猪肝	牛奶	猕猴桃	莲子

补肾益气 + 清肝明目

胡萝卜猪腰汤

原料

猪腰300克，胡萝卜300克，盐、鸡精、水各适量。

做法

❶ 猪腰洗净，切块，撒上盐，拌匀腌至入味；胡萝卜洗净，去皮，切块，与猪腰块一起氽水，沥干。

❷ 将猪腰块和胡萝卜一同放入电饭煲，加水调至煲汤挡，煮好后加盐和鸡精调味即可。

养肝明目 + 增强免疫力

胡萝卜炖牛肉汤

原料

牛肉500克，胡萝卜200克，姜3克，盐、鸡精、水各适量。

做法

❶ 牛肉洗净，切片，撒上盐拌匀腌至入味；胡萝卜洗净，去皮，切块，焯水后沥干备用；姜洗净，切片。

❷ 将胡萝卜块和牛肉片、姜片一同放入电饭煲，加水调至煲汤挡，煮好后加盐和鸡精调味即可。

高温工作者

高温工作者，如炼钢工人、发电厂工人等。他们在高温环境下工作，体温调节、水钠代谢、血液循环等功能都会受到一定程度的影响，高温作业会使蛋白质代谢加快，还会引起腰酸背痛、头晕目眩、代谢功能衰退等症状。因此，在日常饮食中，高温工作者应多补充蛋白质，若人体内的蛋白质长期不足，则可能会造成负氮平衡。另外，高温工作者要注意补充矿物质，以维持水电解质平衡，可食用一些清热、利尿的药材，如金银花、车前草等，多食用黄豆、黑豆、土豆、草鱼、苦瓜、芹菜等食物。

黄豆	黑豆	土豆	苦瓜	芹菜

调节血糖 + 清热泻火

苦瓜鲤鱼汤

原料

鲤鱼肉300克，苦瓜300克，盐、白糖、水各适量。

做法

❶ 苦瓜洗净，去瓤，切块，放入沸水中焯烫后捞出沥干。

❷ 鲤鱼肉洗净，切片，放入碗中，撒上盐，拌匀腌至入味。

❸ 将苦瓜块和鲤鱼肉片一同放入电饭煲中，加水调至煲汤挡，煮好后加盐和白糖调味即可。

益气补虚 + 增强体质

黄豆猪蹄汤

原料

猪蹄300克，黄豆300克，葱1根，盐5克，料酒8毫升，水适量。

做法

❶ 黄豆洗净，泡入水，使黄豆泡发至二、三倍大；猪蹄洗净，砍成块，入沸水汆烫；葱洗净，切段。

❷ 将黄豆放入锅中，加水，煮熟后加入猪蹄块，继续煲1小时，调入盐和料酒，撒上葱段即可。

低温工作者

　　低温工作者与普通环境下的工作者的生理状态有着明显的差异，他们在低温环境中作业，热量加速散失，基础代谢率增高。此外，低温会使甲状腺素的分泌增加，使人体内物质的氧化加速，机体的散热和产热能力都明显增强。因此，在日常饮食中，低温工作者要补足热量，提高蛋白质的摄入量，多食用羊肉、牛肉、鸡肉、鹌鹑、海参等，可增强机体的御寒能力。此外，低温工作者多补充富含钙和铁的食物也可增强机体的御寒能力，如海带、黑木耳、牡蛎、虾、动物血、猪肝、红枣等。

羊肉	牛肉	黑木耳	红枣	猪肝

补气益血 + 增强御寒能力

黑豆牛肉汤

原料

　　黑豆200克，牛肉500克，姜15克，盐8克，水适量。

做法

❶ 黑豆洗净，沥干；姜洗净，切片。

❷ 牛肉洗净，切块，放入沸水中氽烫，捞起冲净，沥干备用。

❸ 将黑豆、牛肉块、姜片放入煮锅，加水以大火煮沸，转小火煮50分钟，加盐调味即可。

补肾益精 + 温中祛寒

肉桂羊肉汤

原料

　　羊肉400克，肉桂、姜各3克，盐、胡椒粉、水各适量。

做法

❶ 肉桂洗净，浸透；姜洗净，切片，下入炒锅，倒少许油炒香；羊肉洗净，切块，氽水后捞出沥干。

❷ 将羊肉块、姜片、肉桂一起放入电饭煲，加水，用煲汤挡煮好，加盐和胡椒粉调味即可。

高汞环境工作者

　　汞的主要接触作业有汞矿开采和冶炼、电器制造、化工、仪器仪表制造、军火及医药等。汞中毒主要是人通过呼吸道吸入汞蒸气或化合物气溶胶，汞进入人的血液，与血清蛋白及血红蛋白结合，引起脏器病变。因此，高汞环境工作者要摄入足够的动物性蛋白和豆制品，以减轻体内汞的毒性。高汞环境工作者宜多吃富含硒与维生素E的食物，如芝麻、花生、绿色蔬菜、蛋类、鱼类、牛奶等。

西红柿	黑芝麻	花生	鸡蛋	胡萝卜

利水消肿 + 清热解毒

绿豆莲子牛蛙汤

原料

　　牛蛙1只，绿豆150克，莲子20克，高汤适量，枸杞子、盐各6克。

做法

❶ 将牛蛙处理干净，切块，入沸水汆烫，捞出沥干；绿豆、莲子洗净，分别用温水浸泡50分钟，莲子去心；枸杞子洗净备用。

❷ 净锅上火，倒入高汤，放入牛蛙块、绿豆、莲子、枸杞子煲熟，加盐调味即可。

生津止渴 + 健脾和胃

沙葛花生猪骨汤

原料

　　沙葛500克，花生50克，墨鱼干30克，猪骨500克，蜜枣3颗，盐5克，水适量。

做法

❶ 沙葛洗净，去皮，切块；花生、墨鱼干均洗净；蜜枣洗净；猪骨砍成块，洗净，汆水。

❷ 将水放入瓦煲，煮沸后加入沙葛块、猪骨块、花生、墨鱼干、蜜枣，大火煮沸后转小火煲3小时，加盐调味即可。

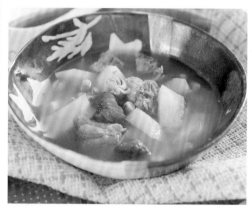

高铅环境工作者

高铅环境指的是铅及其化合物大量存在，并会对人体功能造成危害的环境，例如印刷、制陶、冶金等行业。铅元素可通过消化道和呼吸道进入人体，人体过量积蓄铅会引起慢性或急性中毒。在日常饮食中，高铅环境工作者要补充足够的蛋白质，优质蛋白质可降低血铅浓度，从而降低中毒的概率。此外，高铅环境工作者要多食用含有果胶、膳食纤维的食物，如苹果、葡萄、草莓、香蕉、山楂、竹笋、香菇、银耳等，这些营养物质可减少肠道对铅的吸收。另外，高铅环境工作者可以通过食用蒜排出体内的毒素，大蒜素可与铅结合形成无毒的化合物，能有效防止铅中毒。

苹果	葡萄	草莓	香蕉	银耳

排毒通便 + 滋阴润燥

苹果银耳猪腱汤

原料

苹果4个，银耳15克，猪腱250克，鸡爪2个，盐、水各适量。

做法

❶ 苹果洗净，去皮，去果心，切块；鸡爪洗净，砍去趾甲；银耳洗净，浸透，剪去梗蒂；猪腱洗净，切块；猪腱块、鸡爪汆水，冲干净。

❷ 煲中加水，加入做法❶的材料，大火煲10分钟，转小火煲2小时，加盐调味即可。

滋补肝肾 + 预防癌症

香菇牛蒡汤

原料

香菇、胡萝卜、白萝卜、牛蒡各200克，姜2克，盐、高汤各适量。

做法

❶ 香菇泡发，洗净，切块；姜洗净，切片；牛蒡、白萝卜、胡萝卜洗净，切块，放入碗中加水浸泡，入沸水焯烫，捞出沥干。

❷ 将做法❶的材料放入电饭煲，倒入高汤，调至煲汤挡，煮好后加盐调味即可。

高苯环境工作者

苯是一种无色、有芳香味的碳氢化合物，透明、易挥发、易燃、易爆。由于苯的挥发性大，暴露于空气中很容易扩散，人和动物吸入或皮肤接触大量苯，会引起急性、慢性苯中毒。因此，高苯环境工作者宜多食用富含维生素C及铁的食物，如樱桃、柿子、草莓、猕猴桃等。高苯环境工作者要注意补充碳水化合物，如玉米、西瓜、香蕉、葡萄等，以提高机体对苯的耐受力，还可多吃高蛋白食品，如鸡蛋、瘦肉、大豆、牛奶等，并配合食用含铁较多的食物和富含维生素的绿叶蔬菜，如韭菜、菠菜、白菜等。

猕猴桃	柿子	樱桃	鸡蛋	草莓

健脾养胃 + 增强抵抗力

玉米龙眼煲猪胰

原料

玉米50克，龙眼肉20克，鸡爪1个，猪胰70克，盐、鸡精、姜片、水各适量。

做法

❶ 玉米洗净，切小块；鸡爪洗净，砍去趾甲；猪胰洗净，切块；龙眼肉洗净；猪胰块、鸡爪入沸水余去血水。

❷ 砂煲内加水，烧开后加入玉米块、猪胰块、鸡爪、龙眼肉和姜片，大火煮沸后转小火煲1.5小时，调入盐、鸡精即可。

滋阴养肝 + 增强免疫力

旱莲猪肝汤

原料

旱莲草5克，猪肝300克，葱1根，盐3克，水适量。

做法

❶ 猪肝洗净，切片；旱莲草洗净；葱洗净，切段。

❷ 将旱莲草放入锅中，加水，大火煮开，转中火，然后放入猪肝片，水煮沸后加盐调味，撒上葱段即可。